WTB

BAND 19

Ulrich Behrens
Manfred Ringpfeil

Mikrobielle Polysaccharide

Mit 24 Abbildungen und 10 Tabellen

AKADEMIE-VERLAG · BERLIN
1964

Reihe CHEMIE

Herausgegeben im Auftrage der Sektion Chemie bei der Deutschen Akademie der Wissenschaften zu Berlin

von:

Prof. Dr. H. Klare, Teltow-Seehof,
Prof. Dr.-Ing. Dr. h. c. E. Leibnitz, Leipzig,
Prof. Dr.-Ing. K. Schwabe, Dresden,
Prof. Dr. Dr. h. c. E. Thilo, Berlin

Verantwortlicher Herausgeber dieses Bandes:
Prof. Dr.-Ing. Dr. h. c. E. Leibnitz

Verfasser;
Dr. U. Behrens und Dr. M. Ringpfeil,
Institut für Verfahrenstechnik der organischen Chemie der Deutschen Akademie der Wissenschaften, Leipzig

Erschienen im Akademie-Verlag GmbH,
Berlin W 8, Leipziger Straße 3—4

Lizenznummer: 202 · 100/452/64
Gesamtherstellung: VEB Druckhaus „Maxim Gorki“, Altenburg
Bestellnummer: 7019
E S 18 C 5
Preis: DM 8,—

Inhaltsverzeichnis

1.	Einleitung	5
2.	Der Bau der Polysaccharide	14
3.	Die Eigenschaften der Polysaccharide	19
4.	Historische Übersicht	29
5.	Zum Stoffwechsel und zur Biologie der schleimbildenden Mikroorganismen	35
6.	Die mikrobielle Synthese der Polysaccharide	40
6.1.	Die Vermehrung der Mikroorganismen (Teilvorgang 1)	43
6.2.	Die Produktion von Dextransucrase (Teilvorgang 2)	45
6.3.	Der Stoffwechsel der Mikroorganismen (Teilvorgang 3)	49
6.4.	Die Bildung von Dextran durch das Enzym (Teilvorgang 4)	49
7.	Theorie der enzymatischen Polymerisation	52
7.1.	Akzeptoren	54
7.2.	Substrat	60
7.3.	Enzym	60
7.4.	Mechanismus	61
8.	Die Veränderung des Molekulargewichtes	64
8.1.	Gelenkte Synthese	65
8.2.	Hydrolyse mit chemischen Agenzien	68
8.3.	Hydrolyse mit physikalischen Mitteln	73
8.4.	Hydrolyse mit polysaccharid-spaltenden Enzymen	74
9.	Die Veränderung der Molekulargewichtsverteilung der Polysaccharide	75
10.	Die Veränderung der Struktur der Polysaccharide	82
11.	Die Analytik der Polysaccharide	84
11.1.	Aufbereitung der Proben	85
11.2.	Qualitative Analyse der Polysaccharide	86

11.3. Quantitative Bestimmung der Polysaccharide . . . 86
11.4. Die Bestimmung des Molekulargewichts der Polysaccharide 88
11.4.1. Zahlenmittel des Molekulargewichts 89
11.4.2. Das Gewichtsmittel des Molekulargewichts 93
11.4.3. Das Z-Mittel des Molekulargewichts 95
11.4.4. Das Potenzmittel des Molekulargewichts 96
11.5. Die Bestimmung der Molekulargewichtsverteilung der Polysaccharide 100
11.6. Die Bestimmung der Struktur der Polysaccharide . 106
11.6.1. Die Strukturbestimmung auf chemischem Wege . . 106
11.6.2. Die Strukturbestimmung auf physikalischem Wege 111
12. Die technische Herstellung der mikrobiellen Polysaccharide 112
12.1. Verfahren für die technische Synthese 113
12.1.1. Synthese und Aufarbeitung von Nativdextran . . 114
12.1.2. Hydrolyse des Nativdextrans und Aufarbeitung zu klinischem Dextran 118
12.1.3. Hydrolyse des Nativdextrans und Aufarbeitung zu Starterdextran 122
12.1.4. Gelenkte Synthese in wachsender Kultur von klinischem Dextran 122
12.1.5. Gelenkte Synthese in wachsender Kultur von technischem Dextran (MG 500000) 125
12.1.6. Gelenkte Synthese von hochmolekularem Nativdextran in wachsender Kultur 126
12.2. Enzymatische Synthese von klinischem Dextran . 126
12.3. Synthese anderer Polysaccharide 129
13. Verwendungsmöglichkeiten für Dextran 131
14. Dextranderivate 135
14.1. Die Veresterung 136
14.1.1. Anorganische Ester des Dextrans 137
14.1.2. Organische Ester des Dextrans 139
14.2. Die Verätherung. 140
14.3. Kondensationsprodukte mit Aldehyden (Acetalisierung) 142
14.4. Die Oxydation der Hydroxylgruppen. 143
Literatur-, Sachverzeichnis, Übersetzung von Fachtermini . 151

Technische mikrobielle Polysaccharide

1. Einleitung

Polysaccharide sind Polymere der einfachen Zucker (Monosaccharide) bzw. deren Derivate. Formal ist ihre Bildung so zu verstehen, daß sich die Monosaccharide durch eine Kondensationsreaktion zwischen der Aldehyd- bzw. Ketogruppe eines Zuckers mit einer Hydroxylgruppe eines anderen Zuckers oder des Polymeren zu Ketten aneinanderreihen, wobei es auch zu Verzweigungen kommen kann.

Polysaccharide findet man in allen Lebewesen. Die wichtigsten sind Stärke (in der Pflanze) bzw. Glykogen (im Tier), die in der Zelle als Kohlenhydratreserve gespeichert werden und Cellulose, die als Gerüstbaustoff den meisten Pflanzen Struktur und Festigkeit gibt. Stärke und vor allem Cellulose kommen in vielen Pflanzen in so großen Mengen vor, daß sie diesen das Gepräge geben und vom Menschen als Nutzpflanzen angebaut werden.

Sehr viele pflanzliche Polysaccharide sind in Wasser löslich oder quellbar. Dadurch verleihen sie wäßrigen Lösungen besondere Eigenschaften, von denen die Viskositätserhöhung die wichtigste ist. Diese Eigenschaften werden im wesentlichen durch die chemische Struktur und die Gestalt des Makromoleküls bestimmt. Für eine technische Anwendung ist es sehr wichtig, daß sich die Eigenschaften einer wäßrigen Lösung schon durch geringe Zusätze des Polysaccharids verändern.

Tab. 1 gibt eine Übersicht über die vielfältigen Anwendungsmöglichkeiten der wasserlöslichen, pflanzlichen Polysaccharide.

Tab. 1 Vorkommen und Anwendung einiger pflanzlicher Polysaccharide

Name	Vorkommen bzw. Darstellung	Chemische Eigenschaften	Wichtigste Anwendung
Stärke und Stärkeprodukte (Amylose, Amylopektin, Dextrin)	insbesondere Kartoffeln, Mais und Reis	neutrales Glucosan, Mischung aus unverzweigten (Amylose) und verzweigten Ketten (Amylopektin)	als Klebemittel für Papier u. ä.; als Schutzüberzug für Garne (Schlichte) und Lebensmittel; als Verdicker; als Gelierungsmittel und als Stabilisator für Suspensionen und kolloidale Lösungen
Carboxymethylcellulose (Na-Salz)	Verätherung von Alkalicellulose mit Monochloressigsäure	saures Glucosan	als Verdicker; als Stabilisator für Suspensionen, kolloidale Lösungen und Emulsionen; als Klebemittel
Methylcellulose	Methylation von Alkalicellulose	neutrales Glucosan	abhängig vom Substitutionsgrad als Verdicker bzw. Gelierungsmittel. Für die wasserlöslichen Produkte ähnliche Anwendungen wie für Carboxymethylcellulose
Pektine (Pektinsäure)	Apfel, Citrusfrüchte (Schalen, Fruchtfleisch), Zuckerrüben	saures Polysaccharid (Gemisch aus Polygalakturonsäure, Galaktan und Araban)	Eigenschaften sind abhängig von der Pflanzenart und dem Pflanzenteil, von der Gewinnungsart und der Nachbehandlung. Hauptsächlich als Gelierungsmittel und als Verdicker in der Lebensmittelindustrie

Gatto (Carboxymethyl-Derivat)	Kerne des Johannisbrots, nachträglich carboxymethyliert	Polysaccharid, Bausteine: Mannose und Galaktose (∼4:1), durch nachträgliche Verätherung sauer	ähnlich wie für Carboxymethylcellulose
Guar	Samen der Leguminose Cyamopsis tetragonolobus	neutrales Polysaccharid, Hauptkette aus Mannose, die durch Galaktose-monomere verzweigt ist	als Verdicker; als Klebe- und Bindemittel in der Papierindustrie; als Hilfsmittel bei der Erzflotation
Arabischer Gummi	Exsudat verschiedener Akazienarten	leicht saures, komplexes Polysaccharid; Bausteine: Rhamnose, Arabinose, Galaktose und Glucuronsäure	hauptsächlich als Verdicker und als Stabilisator für Suspensionen, kolloidale Lösungen und Emulsionen in der Lebensmittel- und pharmazeutischen Industrie
Carrageen (Irisch Moos)	einige Rotalgen, insbesondere Chondrus crispus	saures Polysaccharid, Gemisch aus zwei Polygalaktoseschwefelsäure-estern	ähnlich wie für arabischen Gummi
Alginsäure (Alginate)	Braunalgen	saures Polysaccharid (Polymannuronsäure)	als Verdicker; als Stabilisator für Suspensionen, kolloidale Lösungen und Emulsionen; als Gelierungsmittel
Agar-Agar	Rotalgen	saures Polysaccharid, Bausteine: u. a. Galaktose, Anhydrogalaktose, teilweise mit Schwefelsäure verestert	als Gelierungsmittel in der Mikrobiologie (feste Nährböden)
Chitin	höhere Pilze	Polysaccharid, Baustein: N-Acetyl-glucosamin, durch nachträgliche Abspaltung des Acetyls basisch	auf Grund der kationenaktiven Eigenschaften als Stabilisator in sauren Emulsionen; als „Schlichte“ (Schutzüberzug) für Glas- und Kunstfasern

Neben dem Nährwert der Stärke lernte der Mensch bald ihre physikalischen Eigenschaften kennen. Stärke als solche oder in ihrer Modifikation als Dextrin hat vielfältige industrielle Anwendung, besonders als Klebe- und Verdickungsmittel gefunden. In den letzten Jahrzehnten ist es gelungen, die beiden Komponenten der Stärke, die Amylose, die aus unverzweigten Ketten und das Amylopektin, das aus verzweigten Ketten besteht, durch ein wirtschaftliches Verfahren zu trennen. Außerdem baut man in einigen Ländern Maissorten an, die entweder einen sehr hohen Gehalt an Amylose oder Amylopektin aufweisen. Heute wird ein nicht unbeträchtlicher Anteil der Getreide- und Kartoffelernte ausschließlich für industrielle Zwecke bereitgestellt.

Pektin ist neben Cellulose und Stärke ein Polysaccharid, das in den grünen Landpflanzen in großen Mengen vorkommt. Es findet sich besonders in den Früchten. Ursprünglich ausschließlich aus Äpfeln gewonnen, wird es heute besonders in den Ländern hergestellt, die über große Verarbeitungskapazitäten für Citrusfrüchte verfügen.

Andere pflanzliche Polysaccharide werden, bedingt durch das an ein besonderes Klima gebundene Vorkommen, nur für besondere Zwecke angewendet. Am bekanntesten ist der arabische Gummi, der als Exsudat von zahlreichen Akazienarten ausgeschieden wird. Nach dem zweiten Weltkrieg erschien ein bis dahin noch nicht technisch verwendetes Polysaccharid auf dem Markt, das Guar, das im Endosperm im Samen einer Leguminosenart vorkommt. Besonders wird es als Hilfsmittel für die Flotation und Abscheidung bei der Erzaufbereitung benutzt.

Aber auch bestimmte Meerespflanzen werden zunehmend als Rohstoffquelle genutzt. Die Alginsäure, die Gerüstsubstanz der Braunalgen, hat breite Anwendung in der Technik und der Nahrungsmittelindustrie gefunden. Braunalgen finden sich in einigen Küstengewässern der Meere in so großen Mengen, daß eine systematische Ernte lohnt. Andere Polysaccharide, so das Agar-Agar und das Carrageen kommen in den Rotalgen vor. Ihr begrenztes oder verstreutes Vorkommen bedingt einen relativ hohen Preis.

Die Cellulose, das Pflanzenpolysaccharid, das überall und in großen Mengen zur Verfügung steht, konnte eine entsprechende Anwendung erst dann finden, als es gelang, wasserlösliche Derivate herzustellen. Bekannt sind Natriumcarboxymethylcellulose und Methylcellulose. Sie stehen in ihrer Eigenschaft als Verdicker und Stabilisator im Weltverbrauch derartiger Produkte an erster Stelle.

Neben den wasserlöslichen Polysacchariden werden durch Verätherung oder Veresterung wasserunlösliche Polysaccharidderivate hergestellt, die sich in technisch gebräuchlichen Lösungsmitteln lösen und diesen ähnliche Eigenschaften verleihen, wie es für die wasserlöslichen Produkte schon aufgeführt wurde. Bekannt sind die Nitrocellulosen und die Acetylcellulosen, die in der Lack- und Plastindustrie eine bedeutsame Rolle spielen.

Neben diesen, aus Pflanzen gewinnbaren Polysacchariden, die entweder in ihrer ursprünglichen (nativen) Form oder als Derivate mit unterschiedlichen Eigenschaften auf dem Markt angeboten werden und ohne die heute viele Industriezweige nicht mehr existieren können, ist in den letzten Jahrzehnten die Aufmerksamkeit auf eine neue Gruppe von Polysacchariden gelenkt worden, die mikrobiell erzeugten Polysaccharide.

Mikroorganismen enthalten wie alle anderen Organismen Polysaccharide, die in großen Mengen entweder als Gerüstsubstanz oder als Reservestoff dienen. Neben diesen, an die Struktur der Zelle mehr oder weniger fest gebundenen Polysacchariden, werden von einigen Arten auch Polysaccharide außerhalb der organisierten Zelle gebildet. Dies kann dadurch geschehen, daß bestimmte Enzymsysteme von der Zelle in das sie umgebende Medium ausgeschieden werden, wo sie mit geeigneten Substraten (Zuckern) die Polymerisationsreaktionen katalysieren. Von einigen Bakterienarten (Lävanbildnern) wird jedoch berichtet, daß die einfachen Zucker von der Zelle aufgenommen, hier einer enzymatischen Polymerisationsreaktion unterworfen werden und daß dann das Polysaccharid von der Zelle abgegeben wird.

Wichtig für die technische Gewinnung ist das Auftreten der Polysaccharide in beträchtlichen Mengen außerhalb der Zelle. In Tab. 2 sind die mikrobiell gebildeten Polysaccharide auf Grund ihres Vorkommens, das im wesentlichen auch ihre Funktion bestimmt, in vier große Gruppen eingeteilt. Die mehr oder weniger an die Zelle

Tab. 2 Einteilung der mikrobiell erzeugten Polysaccharide auf Grund ihres Vorkommens

Vorkommen	physiologische Bedeutung	gebildete Menge
Extrazelluläre Polysaccharide	ohne Bedeutung	Vielfaches der Zellmasse
Extrazelluläre Oberflächenpolysaccharide (Kapselpolysaccharide)	Erhöhung der physikalischen und biologischen Widerstandsfähigkeit	Bruchteil bis Mehrfaches der Zellmasse
Zellwandpolysaccharide	Strukturbildner	Teil der Zellmasse
Intrazelluläre Polysaccharide	Reservekohlenhydrat	Teil der Zellmasse

gebundenen Polysaccharide haben bisher keine technische Anwendung gefunden, da ihre Gewinnung einen verhältnismäßig großen Aufwand erfordern und eine Massenvermehrung der Mikroorganismen voraussetzen würde. Anders bei den extrazellulären Polysacchariden, die im Vergleich zu der Zellmasse in so großen Mengen gebildet werden, so daß eine industrielle Gewinnung ohne besondere Schwierigkeiten durchgeführt werden kann. Beim bestuntersuchten Polysaccharidbildner, *Leuconostoc mesenteroides*, der das Dextran bildet, werden in einem Liter einer Kulturlösung, die etwa 20% Saccharose enthält, mit 0,5 g Bakterienmasse 50—80 g Dextran erzeugt. Der Anteil der für die Bildung des Enzymsystems notwendigen Zellmasse beträgt also weniger als 1% des erzeugten Produktes. Dieses Verhältnis macht es weiterhin verständlich, daß die extrazellulären Polysaccharide nur in dem Maße gebildet werden können, wie die Menge der zu ihrer Synthese notwendigen Zucker in der Kulturlösung beträgt.

Während die pflanzlichen Polysaccharide im gewissen Sinne ohne Aufsicht heran„wachsen" und die vom Menschen aufzuwendende Arbeit im Ernten und Isolieren liegt, bedürfen die extrazellulären mikrobiellen Polysaccharide auch für ihre Synthese eines industriellen Verfahrens, wobei die Rohstoffe — z. B. Saccharose — erst aus Pflanzen gewonnen werden müssen. Dieser nicht unbeträchtliche Mehraufwand an Arbeit und die somit höheren Gestehungskosten werden aber gerade durch den sie verursachenden Umstand aufgewogen. In der Notwendigkeit, die Synthese als Prozeß durchführen zu müssen, liegt die Möglichkeit sie zu beeinflussen. So läßt sich z. B. bei der Dextransynthese durch eine „Lenkung" das Molekulargewicht in bestimmten Grenzen einstellen. Auch kann durch die Wahl bestimmter Mikroorganismen ein hinsichtlich der Bausteine und Struktur sehr spezifisches Polysaccharid erzeugt werden, dessen Gewinnung aus der Kulturlösung durch einfache Methoden erreicht werden kann.

Bis jetzt wurden nur Bakterien und eine Hefe (Hansenula holstii) beschrieben, die nennenswerte Mengen Polysaccharide extrazellulär bilden. Von den in Tab. 3 aufgeführten Polysacchariden wird nur Dextran industriell gewonnen.

Tab. 3 Extrazelluläre mikrobielle Polysaccharide

Trivialname d. Polysaccharids	Bausteine	Struktur	Organismus	Enzym	Substrat
Dextran	Glucose	α-1,6-Glucosan (mögliche Verzweigungen: 1,2; 1,3; 1,4)	Léuconostoc mesenteroides Leuconostoc dextranicum Betacoccus arabinosaceus Betabacterium vermiformé Streptobacterium dextranicum Streptococcus viridans Streptococcus viscosum	Dextransucrase (Dextransaccharase)	Saccharose Raffinose
		unverzweigt	Streptococcus bovis Acetobacter capsulatum Acetobacter viscosum	Dextransucrase Dextran-Dextrinase	Saccharose Dextrine
Lävan	Fructose	β-2,6-Fructosan	Aerobacter lävanicum Alcaligenes viscosus Bacillus subtilis Bacillus megathericum Pseudomonas aureofaciens Pseudomonas chloroaphis Pseudomonas fluorescens Streptococcus salivarius	Lävansucrase (Lävansaccharase)	Saccharose

Cellulose	Glucose	β-1,4-Glucosan	Acetobacter acetigenum Acetobacter kützengianum Acetobacter pasteurianum Acetobacter rancens Acetobacter xylinum	
Phospho-mannan	Mannose Mannose-phosphat		Hansenula holstii	Glucose
–	Glucose	? 1,2-Glucosan	Agrobacterium tumefaciens	Glucose
Pullulan	Glucose		Dematium pullulans	Glucose
Xanthomonas-Polysaccharide	Glucose Mannose Glucuronsäure		Xanthomonas campestris Xanthomonas carotae Xanthomonas hederae Xanthomonas malvacearum Xanthomonas papavericola Xanthomonas phaseoli Xanthomonas translucens Xanthomonas vesicatoria	Glucose

2. Der Bau der Polysaccharide

Die Polysaccharide gehören zu den hochmolekularen Naturstoffen. Sie sind Makromoleküle, deren Molekulargewicht größer als 10^4 ist und deren physikalische Eigenschaften bei einer geringfügigen Änderung des Molekulargewichtes nicht merklich beeinflußt werden.

Sie sind ausschließlich aus einfachen Zuckern oder deren Derivaten aufgebaut, wobei sehr oft nur ein einziger einfacher Zucker als Baustein gefunden wird. Man kann solche Polysaccharide in die Gruppe der Uni- oder Homopolymeren einordnen. Es gibt aber auch Polysaccharide, die zwei oder mehrere einfache Zucker enthalten und die man der Gruppe der Multi- oder Heteropolymeren zuordnet. Oft gruppieren sich diese unterschiedlichen Bausteine in sich wiederholende Strukturelemente (Sequenzen).

Überwiegend finden wir polymereinheitliche Polysaccharide, d. h., die einzelnen Moleküle unterscheiden sich nicht durch ihren Bau, sondern nur durch ihre Kettenlänge. Sogenannte aperiodische Polysaccharide, d. h. Gemische unterschiedlich aufgebauter Makromoleküle, wurden zwar hin und wieder beschrieben, jedoch lassen sich diese Erscheinungen meist auf die Wirksamkeit verschiedener Enzymsysteme zurückführen, von denen jedes polymereinheitliche Produkte erzeugt.

Die Verbindung der einzelnen Bausteine (Monosaccharide) erfolgt grundsätzlich durch eine sogenannte glykosidische Bindung. Um das Wesen der glykosidischen Bindung richtig zu verstehen, müssen wir uns vor Augen halten, daß die Zucker eine Ringstruktur besitzen. Durch Wasserabspaltung zwischen der (hydratisierten) Aldehyd- bzw. Ketogruppe des Zuckers und einer Hydroxylgruppe bilden sich Cyclohalbacetale

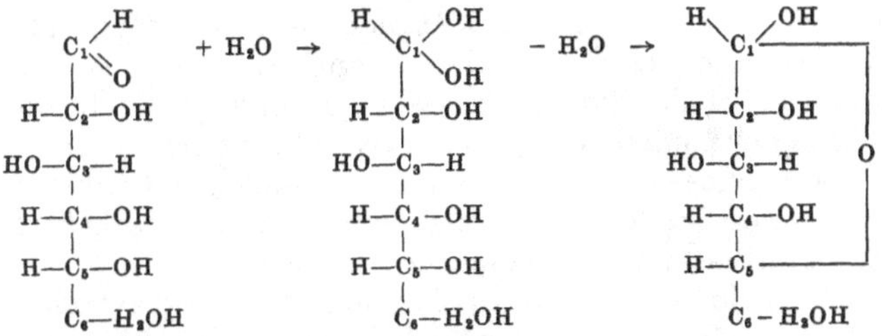

Aldehydform der Glucose — Hydratform — Cyclohalbacetalform

Durch diese Ringbildung entsteht ein neues Asymmetriezentrum am Kohlenstoffatom 1.

Bei einer Reaktion der „Aldehyd"gruppe (glykosidisches Hydroxyl) mit einem Alkohol, z. B. Methanol, können somit zwei stereoisomere Formen gebildet werden, ein α-Methylglykosid und ein β-Methylglykosid. (Bei der Glucose spricht man von Glucosiden, allgemein von Glykosiden, glykosidischen Bindungen),

α-Methylglykosid — β-Methylglykosid

Innerhalb eines Polysaccharids können deshalb Glucosemoleküle in 2 × 4 verschiedenen Arten untereinander verbunden sein. Die glucosidische Bindung eines Glucosemoleküls an das folgende kann an dessen freien Hydroxylgruppen an den C-Atomen 2, 3, 4 oder 6, in α- oder β-Form, vorliegen. Die Amylose z. B. ist ein Polyglucosan, dessen glucosidische Bindung jeweils zwischen der glucosidischen Hydroxylgruppe am C_1 und der Hydroxylgruppe am C_4 erfolgt. Dabei befindet sich die glucosidische Bindung in der α-Stellung.

Um zu einer einfachen, jedoch eindeutigen Bezeichnung der Polysaccharide zu gelangen, wird zuerst die Stellung der glykosidischen Hydroxylgruppe angegeben, danach die Nummern der C-Atome, die an der glykosidischen Bindung beteiligt sind und dann der Name des Bausteins, wobei als Endung ein -an angehängt wird (Glucose — Glucosan), um den polymeren Charakter zu bezeichnen.

Die Amylose heißt dann α-1,4-Glucosan. Die Cellulose, die sich nur durch die Stereoisomerie am C_1 unterscheidet, wird dann als β-1,4-Glucosan bezeichnet.

Der scheinbar geringe strukturelle Unterschied zwischen beiden Stoffen führt zu entscheidenden physikalischen Unterschieden. Die Cellulose ist im Gegensatz zur Amylose in Wasser nicht löslich. Unter Berücksichtigung der Stereoisomerie der glucosidischen Hydroxylgruppe und ihres gewichtigen Einflusses auf die physikalischen Eigenschaften, muß jetzt die Auffassung von den Bausteinen (Monomeren) eindeutiger formuliert werden: Bausteine sind die kleinsten, einheitlichen Teile, die bei der Zerlegung (Hydrolyse) der Polysaccharide entstehen. Cellulose und Amylose haben den gleichen Baustein, die Glucose. Die kleinste strukturelle Einheit, das Strukturelement, ist unterschiedlich. Für Cellulose ist es das Disaccharid Cellobiose (β-1,4-Glucosido-glucose) und für Amylose das Disaccharid Maltose (α-1,4-Glucosido-glucose). Es sei an dieser Stelle erwähnt, daß die D- und L-Formen der Zucker sowie ihre Ringstruktur (Pyranose, Furanose), um keine unnötigen Komplikationen hervorzurufen, im allgemeinen bei der Benennung hier nicht berücksichtigt werden.

Für die bildliche Darstellung der Stereoisomerie ist es zweckmäßig, die Strukturformel nicht in der linearen, sondern in der perspektivischen Form (HAWORTHsche Formel) aufzuzeichnen.

Für die Glucose ergibt sich dann folgendes Bild:

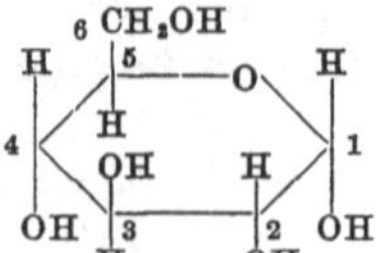

α-Glucose

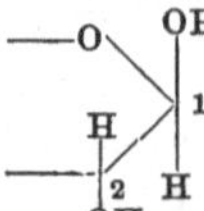

β-Glucose

Um die Struktur der Polysaccharide darzustellen, genügt es, das Strukturelement aufzuzeichnen, da dieses sich ja immer wiederholt.

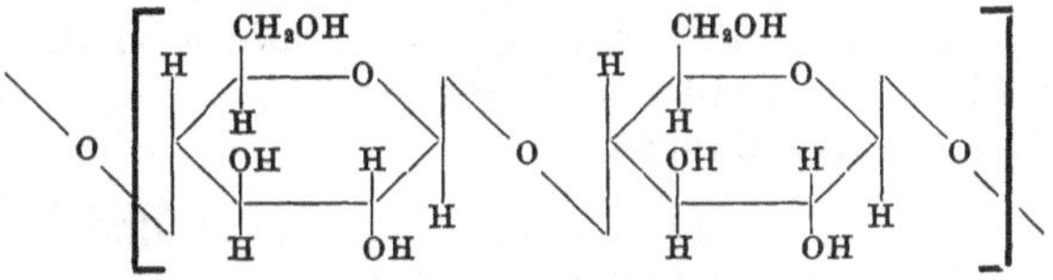

Cellulose: β-1,4-Glucosan (Strukturelement: Cellobiose)

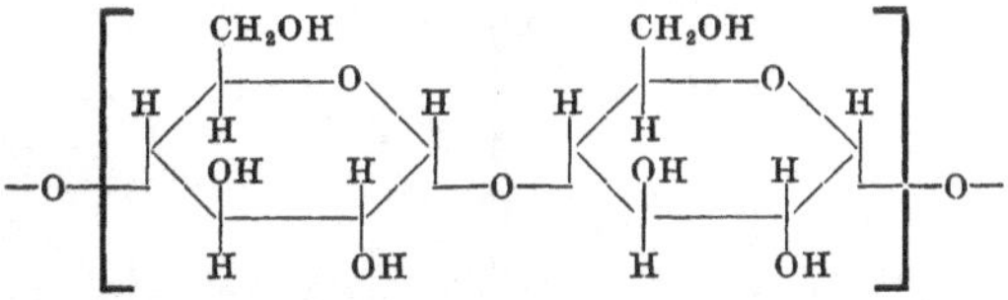

Amylose: α-1,4-Glucosan (Strukturelement: Maltose)

Da die HAWORTHsche Formel die beste Vorstellung von der räumlichen Anordnung des Zuckermoleküls gibt, werden wir sie hier benutzen, allerdings in einer etwas vereinfachten Form, die häufig angewandt wird. Die Verstärkung wird fortgelassen, da ja prinzipiell die untere Hälfte des (aufgezeichneten) Ringes als dem Betrachter zugewandt gedacht wird. Die Bezeichnungen für die Hydroxyle werden durch einen senkrechten Strich angegeben.

Für die α- und β-Glucose ergibt sich folgendes Bild:

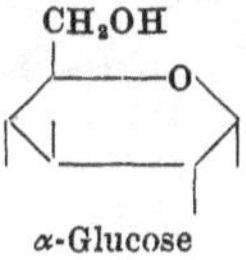

α-Glucose

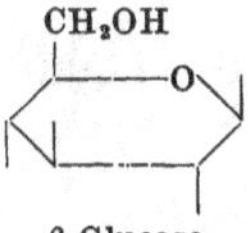

β-Glucose

Für kurze, informatorische Darstellungen eignet sich die perspektivische Formel nicht, besonders wenn am Makromolekül Verzweigungen auftreten. Hier genügen für den Baustein symbolische Bezeichnungen, z. B. für

Glucose „Glu“, denen die an der Bindung beteiligten C-Atome durch Angabe ihrer Nummer vor- und nachgestellt sind, z. B. — 1 Glu 4 —.

Amylopektin ist ein verzweigtes Polysaccharid, dessen Haupt- und Nebenketten α-1,4-Glucosane sind. Die Nebenketten sind mit der Hauptkette durch α-1,6-glucosidische Bindungen verknüpft:

```
— 4 Glu 1 — 4 Glu 1 — 4 Glu 1 — 4 Glu 1 — 4 Glu 1 —
                     6
                     |
                     1
                    Glu
                     4
                     |
                     1
                    Glu
                     4
                     |
```

Dextran, das mikrobiell erzeugte Polysaccharid, kann verzweigt sein. Die Haupt- und Nebenketten sind α-1,6-Polyglucosane. Die Nebenketten können z. B. mit der Hauptkette durch α-1,3- und α-1,4-glucosidische Bindungen verknüpft sein.

```
                                |
                                6
                               Glu
                                1
                                |
                                6
                               Glu
                                1
                                |
                                3
— 1 Glu 6 — 1 Glu 6 — 1 Glu 6 — 1 Glu 6 — 1 Glu 6 —
           4
           |
           1
          Glu
           6
           |
           1
          Glu
           6
           |
```

Die Verzweigung beeinflußt die physikalischen Eigenschaften. Amylose als nicht verzweigtes α-1,4-Glucosan geliert im Gegensatz zum stark verzweigten Amylopektin nicht. Bei geringeren Verzweigungen ist die Beeinflussung der physikalischen Eigenschaften weniger deutlich.

Einem Polysaccharid gibt man seinen Namen nach seinen Bausteinen und der Bindungsart. Die zum Teil beträchtlichen Unterschiede im physikalischen Verhalten, die durch unterschiedlichen Polymerisationsgrad und Verzweigungsgrad auftreten, werden nicht berücksichtigt. So umschließt der Begriff Dextran einen Stoff, dessen Haupt- und, falls verzweigt, auch Seitenketten α-1,6-Glucosane sind. Polymerisationsgrad und Verzweigung bedingen aber eine Fülle von Eigenschaften mit zum Teil so großen Unterschieden, wie sie an sich nur bei verschiedenen Stoffen zu finden sind.

3. Die Eigenschaften der Polysaccharide

Wir hatten im vorhergehenden Kapitel schon davon gehört, wie die Struktur die Eigenschaften der Polysaccharide beeinflußt. Wir sahen am Beispiel der Cellulose und Amylose, daß lediglich der Unterschied in der stereoisomeren Bindungsform ein unlösliches bzw. lösliches Polysaccharid bedingt und am Beispiel der Amylose und des Amylopektins, daß eine unverzweigte Kette mit Wasser zu hochviskosen Lösungen führt, während eine verzweigte Kette in Wasser quillt.

Es ist leicht einzusehen, daß die Kettenlänge die Viskosität beeinflußt. Je größer das Molekulargewicht, desto größer wird die Viskosität sein. Ähnlich wirkt eine Erhöhung der Konzentration. In Abb. 1 ist der Einfluß der Konzentration auf die Viskosität wäßriger Lösungen von 3 hinsichtlich des Molekulargewichts verschiedener Dextrane dargestellt. Die niedermolekularen Dextrane, etwa von einem Molekulargewicht <200000, verursachen bei Konzentrationserhöhungen nur einen langsamen Anstieg der Viskosität, während die hochmolekularen Dextrane, wie das Beispiel zeigt, schon bei einem Molekulargewicht von etwa 600000, bereits in geringer Konzentration, $<5\%$, die Viskosität stark erhöhen und bei Konzentrationserhöhung einen steilen Anstieg der Viskosität bewirken.

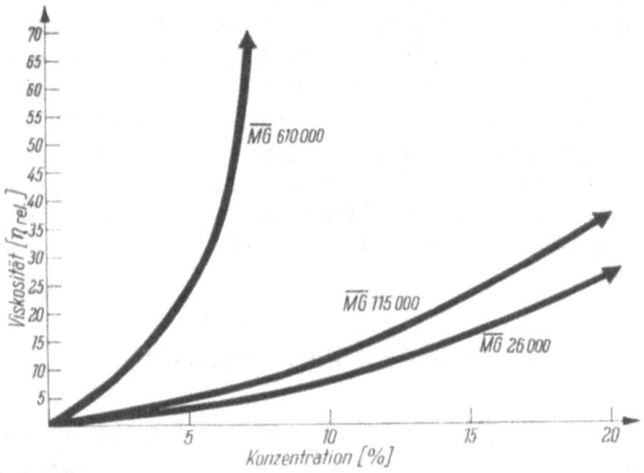

Abb. 1 Der Einfluß des Molekulargewichtes und der Konzentration auf die Viskosität wäßriger Dextranlösungen

Die Veränderungen der Eigenschaften auf Grund von Unterschieden in der Struktur oder des Polymerisationsgrades können jedoch nicht verallgemeinert werden. Um angenäherte Voraussagen über das Verhalten von Polysacchariden in (wäßrigen) Lösungen machen zu können, ist es notwendig, die Kräfte zu kennen, die zwischen dem Makromolekül und dem Lösungsmittel wirken. Wenn ein Polysaccharidmolekül in Wasser gelöst wird, werden von seinen Hydroxylgruppen Wassermoleküle gebunden. Im wesentlichen wird diese Bindung durch Wasserstoffbrücken bewirkt. Das Polysaccharidmolekül umgibt sich mit einer Hülle von Wassermolekülen, die die eigentliche

„Lösung“ in Wasser ermöglichen. Die Bindungsfähigkeit des Polysaccharids für Wasser kann so groß sein, daß alle zur Verfügung stehenden Wassermoleküle gebunden sind. Dadurch sind die Wassermoleküle derart unbeweglich geworden, daß der Eindruck einer Lösung verlorengeht. Makromolekül und Wasser bilden jetzt eine strukturelle Einheit. In Abb. 2 ist ein völlig hydratisiertes Dextran gezeigt. Mit einem Glasstab ist ein Teil aus dem Gefäß herausgezogen worden. Es verhält sich wie eine elastische Sehne, die durch seitlichen Zug spannbar ist.

Stehen jedoch genügend Wassermoleküle zur Verfügung, so löst sich das hydratisierte Polysaccharid in Wasser. Durch die Wasserhülle vergrößert sich das Molekül besonders im Querschnitt; es nimmt jetzt einen wesentlich größeren Raum ein. Außerdem verhindern die gebundenen Wassermoleküle eine Verknäuelung. Derartig stark vergrößerte, gestreckte, hydratisierte Polysaccharide finden nun, selbst wenn sie nur zu wenigen Prozent (oder Bruchteilen eines Prozentes) in Wasser gelöst sind, Berührung miteinander und bewirken so die charakteristische starke Viskositätserhöhung der Lösung.

Bei verzweigten Polysacchariden ist der Vergrößerungseffekt nicht so wirksam. Die benachbarten Seitenketten schließen in den Zwischenräumen Wassermoleküle ein und kommen über diese zu einer engeren Verbindung. Im Gegensatz zu den miteinander nur lose verbundenen linearen Makromolekülen bilden die Seitenketten mehrerer verzweigter Makromoleküle, wenn ihre Konzentration genügend groß ist, derart feste Verbindungen, daß ein Gel entsteht. Besonders fest wird das Wasser gebunden, wenn Einzelketten z. B. durch eine chemische Umsetzung bereits miteinander durch Brückenglieder fest verbunden (vernetzt) sind. In Abb. 3 wird die Festigkeit eines Dextrangels demonstriert. (Das Dextran wurde vorher durch die Reaktion mit einem bifunktionellen Reagens vernetzt). Während 10 g unvernetztes Dextran in Wasser nur die Viskosität erhöhen, quillt die gleiche Menge vernetztes Dextran zu einem festen, schneidbaren Gel.

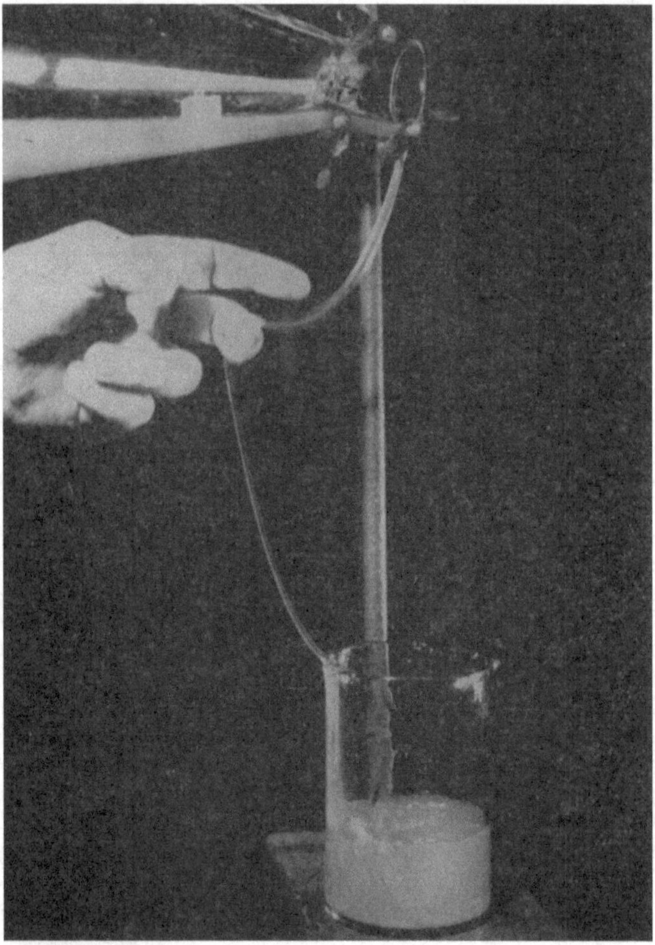

Abb. 2 Hydratisiertes Dextran

Abb. 3 Vernetztes Dextran, mit Wasser zu einem schneidbaren Gel gequollen

Die neutralen hydrophilen Polysaccharide sind in wäßriger Lösung relativ stabil, soweit nicht ihre Hydratation, worauf ja, wie bereits ausgeführt, ihre besonderen Eigenschaften zurückzuführen sind, gestört wird. Das Hydratwasser kann z. B. dadurch entbunden werden, daß man der Lösung Agenzien zusetzt, zu denen das Wasser eine größere Affinität hat. Elektrolyte in hoher Konzentration z. B. können soviel Wasser aus der Hydrathülle des Polysaccharids an sich heranziehen, daß dessen Löslichkeit so stark herabgesetzt wird, daß es ausfällt. Ein derartiger Vorgang wird Aussalzen genannt und in der Biochemie insbesondere zum Ausfällen von Proteinen benutzt. Aber auch hydrophile organische Lösungsmittel, wie z. B. die niederen Alkohole, können Wassermoleküle aus der Hydrathülle an sich binden und so die Löslichkeit des Polysaccharids herabsetzen und es schließlich zum Ausfällen bringen. Dieser Vorgang wird in der Technik vorzugsweise zur Fällung und somit Isolierung der Polysaccharide benutzt.

Jetzt ist es angebracht, auf eine Besonderheit hinzuweisen. Bei den Bildern, die wir uns bisher über den Zustand und das Verhalten der Polysaccharide gemacht haben, sprachen wir immer von dem Makromolekül oder der Kette und stellten uns diese als ein Individuum vor. In Wirklichkeit haben wir es mit einer Lösung von unzähligen Makromolekülen zu tun, die sich in ihrem Polymerisationsgrad stark unterscheiden. Die Polysaccharide sind polymolekular, d. h. von verschiedener Größe. Die Größenverteilung oder ihre „Verteilung" entspricht einer Glockenkurve.

Neben einer Hauptmenge weitgehend gleich großer Makromoleküle finden sich in abnehmender Zahl größere und kleinere vor. Für viele technische Anwendungsgebiete wird aber eine weitgehende Gleichförmigkeit des Produktes gefordert. (Wir haben ja schon behandelt, daß der Polymerisationsgrad die Eigenschaften beeinflußt.) Fast ausnahmslos wird dieses durch graduelle Zugabe eines hydrophilen Lösungsmittels zu der wäßrigen Polysaccharidlösung erreicht, ein Vorgang, der Fraktionierung genannt wird. Abhängig vom Molekulargewicht besitzen die Makromoleküle eine unterschiedliche Löslichkeit. Die Löslichkeit sinkt mit steigendem Polymerisationsgrad, entsprechend fallen bei gradueller Zugabe von z. B. Äthanol zuerst die hochmolekularen Anteile, zuletzt die niedermolekularen aus.

Ein häufig beobachtetes Phänomen ist das Auftreten von Trübungen in anfangs klaren, wäßrigen Lösungen von neutralen Polysacchariden. Dieser Effekt wird oft als „Altern" bezeichnet. Die Makromoleküle bewegen sich in Lösung wie andere Moleküle (BROWNsche Bewegung). Bei sehr langen Ketten kann es aber zu Verschlingungen an einem Molekül kommen, wodurch Teile der Wasserhülle abgespalten werden. Tritt an benachbarten Molekülen ein gleicher Effekt auf, werden infolge des Fehlens der Hydrathülle zwischenmolekulare Kräfte wirksam, die zu einer Zusammenballung dieser Molekülteile führen. Derartig verbundene Makromoleküle können so groß werden, daß sie unlöslich und als Trübung sichtbar werden.

Wir haben bis jetzt nur die neutralen Polysaccharide berücksichtigt, Polysaccharide also, deren Bausteine einfache Zucker sind. In der Technik spielen aber Derivate der Polysaccharide eine große Rolle. Die Wasserlöslichkeit der Cellulose kann man z. B. dadurch erreichen, daß Hydroxyle der Glucosebausteine mit Chloressigsäure veräthert werden.

Die Zahl der Substituenten pro Glucosebaustein wird als Substitutionsgrad bezeichnet. Theoretisch kann er drei betragen. Der theoretische Substitutionsgrad wird aus sterischen Gründen nicht immer erreicht. Bei den meisten Produkten liegt er, je nach Art des Substituenten zwischen eins und wenig mehr als zwei. Die Art des Substituenten ist nun von entscheidender Bedeutung für das Verhalten der Polysaccharide in Lösung.

Polysaccharide mit sauren Gruppen sind in der Natur weit verbreitet. Neben den bekannten Pflanzenpolysacchariden, Pektinsäure und Alginsäure, die Carboxylgruppen besitzen, ist in letzter Zeit auch ein saures, extrazelluläres mikrobielles Polysaccharid, das unter anderem Glucuronsäure als Baustein enthält, bekannt geworden. Halbester der Schwefelsäure z. B. kommen im Carrageen der Rotalgen vor. Daneben werden viele saure Polysaccharide synthetisch durch Veräthern oder Verestern natürlicher Polysaccharide hergestellt.

Werden saure Polysaccharide (oder deren Salze) in Wasser gelöst, so hydratisieren sich nicht nur die Hydroxylgruppen des Makromoleküls, sondern auch die sauren Gruppen. Wir haben zunächst die gleiche Erscheinung wie bei den neutralen Polysacchariden. Im Gegensatz zu diesen verhindern aber die sauren Gruppen durch gleiche Ladungsrichtung eine Annäherung der Makromoleküle. Viskose wäßrige Lösungen saurer Polysaccharide zeichnen sich daher durch große Beständigkeit aus. Die Abstoßung der sauren Gruppen erstreckt sich nicht nur auf benachbarte Moleküle, sondern auch auf die eigene Kette. So kommt es zu sehr gestreckten Ketten, die infolge der starken Hydratation sehr vergrößert werden, was zu einer signifikanten Erhöhung der Viskosität führt.

Soweit es die Wasserhülle anbetrifft, treten die schon beschriebenen Effekte durch Zusatz von Elektrolyten und hydrophilen Lösungsmitteln auch hier auf. Zusätzlich muß jedoch noch die Einflußnahme auf die Ionisation berücksichtigt werden. Mehrwertige Kationen können zu Salzbrücken zwischen den einzelnen Ketten führen, wobei es zur Ausbildung von Gelen oder aber zur Ausfällung kommen kann. Bei pH-Werten unter ~ 4 bildet sich bei Carboxylderivaten die freie Säure, wodurch die Hydratation der Carboxylgruppe unterdrückt wird und die Makromoleküle sich an dieser Stelle assoziieren können. Es kann dadurch ebenfalls zur Gelbildung oder Ausfällung kommen. Bei den Estern der Polysaccharide mit anorganischen Säuren ist die saure Gruppe auf Grund ihrer Stärke auch bei niederen pH-Werten ionisiert und behält somit ihre Wasserhülle.

Für Polysaccharide basischer Natur gilt entsprechendes. Allerdings kommen derartige Produkte in der Natur nicht vor. Die präparative Herstellung aus neutralen Polysacchariden ist schwierig, und bis jetzt ist noch kein wirtschaftliches Verfahren bekannt geworden. Neuerdings wird aus Chitin, der Gerüstsubstanz vieler niederer Tiere (Schalentiere, Insekten) und höherer Pilze, durch Abspaltung der Acetylgruppe ein basisches Polysaccharid hergestellt (Chitin enthält als Baustein N-Acetylglucosamin).

Polysaccharide mit neutralen Gruppen werden synthetisch hergestellt, indem natürlich vorkommende Polysaccharide mit reaktionsfähigen Verbindungen veräthert (Methyl-, Hydroxyäthyl-, Benzyl-) oder verestert (Acetyl-Stearyl-, Palmityl-) werden. Die Eigenschaften sind unterschiedlich. Kurzkettige Substituenten, wie Methyl-, Äthyl- und besonders Hydroxyäthylderivate, verhalten sich ähnlich wie Polysaccharide mit kurzen Seitenketten. Sie erhöhen die Viskosität und die Stabilität der Lösung. Der Substitutionsgrad der Methyl- und Äthylverbindungen soll allgemein kleiner als 2 sein, weil sonst der hydrophobe Charakter dieser Substituenten zu stark zum Ausdruck kommt. Mehrgliedrige neutrale Substituenten, wie Butyl- und Benzyläther und die Ester der Fettsäuren, führen zu Produkten, die wasserunlöslich, jedoch in vielen organischen Lösungsmitteln löslich sind. Derartige Verbindungen verleihen unter anderem den Lösungsmitteln eine höhere Viskosität und werden als Verdicker angewandt. Vielfach werden auch ihre filmbildenden Eigenschaften ausgenutzt. Andere wieder haben wachsähnliche Konsistenz. Sie dienen z. B. als Grundmasse für therapeutische und kosmetische Produkte.

Aus dem Dargestellten geht hervor, daß Struktur, Polymerisationsgrad und Art der Bausteine die Eigenschaften der Polysaccharide bestimmen. Es gibt eine Fülle von in der Natur weit und zum Teil auch universell vorkommenden Polysacchariden, deren industrielle Gewinnung keine Schwierigkeiten bereitet. Ihnen gemeinsam ist ein Nachteil: Sie werden von Pflanzen synthetisiert und bringen dementsprechend bereits spezifische Eigenschaften mit, die sekundär nur bedingt verändert werden können.

Die Cellulose muß erst löslich gemacht werden. Man muß sie methylieren oder carboxymethylieren. Wir haben aber gesehen, daß die Methyl- und besonders die Carboxylgruppen dem Produkt spezifische Eigenschaften verleihen. Die Pektinate und Alginate sind saure Polysaccharide, ihre Eigenschaften sind somit von der Natur festgelegt. Stärke und Dextrine werden universell angewandt. Um aber zu spezifischen Produkten zu kommen, muß der Amylose- bzw. der Amylopektinanteil abgetrennt werden. Der Polymerisationsgrad aller dieser Produkte läßt sich zwar durch hydrolytische Verfahren verkleinern, jedoch auf keine Weise vergrößern. Der Polymerisationsgrad wird von der Natur bestimmt.

Unter den mikrobiell gebildeten Polysacchariden befindet sich eins, das gewissermaßen einen Idealfall darstellt. Es ist das Dextran.

Der Baustein ist Glucose. Abhängig vom Mikroorganismus (Stamm) wird es als im wesentlichen unverzweigtes bis hochverzweigtes Polysaccharid extrazellulär in der Kulturlösung gebildet. Das Molekulargewicht ist bei unbeeinflußter Synthese (sog. natives Dextran) unverhältnismäßig hoch. Es kann bis zu 100 Millionen betragen. Jedes gewünschte Molekulargewicht kann sekundär durch hydrolytische Spaltung und in gewissen Grenzen auch während der mikrobiellen Synthese hergestellt werden. Wir haben es mit einem neutralen, wasserlöslichen Polysaccharid zu tun, von dem praktisch alle gewünschten Polymerisationsgrade (wegen der in der Natur einmalig hohen des Nativdextrans) und durch Stammwahl im gewissen Maße auch unterschiedlich verzweigte Produkte hergestellt werden können. Spezifische Eigenschaften können durch Einführen entsprechender Gruppen unschwer präparativ hergestellt werden. Daneben sucht man nach mikrobiellen Polysacchariden, in denen z. B. saure Gruppen bereits vorhanden sind.

Wir werden uns bei den mikrobiellen Polysacchariden im wesentlichen auf Dextran beschränken müssen, weil man sich erst seit wenigen Jahren mit industriell anwendbaren mikrobiellen Polysacchariden beschäftigt und Dextran gegenwärtig das einzige technisch erzeugte und hinsichtlich der Anwendung beschriebene Produkt ist.

Allgemein gilt für alle Prozesse zur mikrobiellen Synthese extrazellulärer Polysaccharide, daß die Aufwendungen für die Investitionen verhältnismäßig gering sind. Im speziellen Falle des Dextrans dient als Ausgangsprodukt Saccharose (Braunzucker oder auch Melasse für einige Produkte), eine Substanz, die sich zunehmend als Rohstoff auf dem Weltmarkt anbietet.

4. Historische Übersicht

Das „Verschleimen" von Zuckersäften wurde vor etwa 150 Jahren der wissenschaftlichen Welt zum ersten Male bekannt, als eine Schiffsladung Zuckerrohrsaft in einem französischen Hafen sich zu einer schleimig-gallertigen Masse verwandelt hatte. Wenige Jahrzehnte später beobachtete man auch in den europäischen Zuckerfabriken das Verschleimen der Zuckersäfte. Diese von den Zuckertechnikern gefürchtete „Froschlaich"bildung führte zu erheblichen Störungen des Betriebsablaufs, besonders durch Verstopfung der Filter und Verhinderung der Kristallisation.

Schon VAUQUELIN, ein namhafter französischer Chemiker aus der ersten Hälfte des 19. Jahrhunderts, erkannte den Polysaccharidcharakter des Schleims und beschrieb ihn als eine Abart der Cellulose. Aber erst das sehr häufige Auftreten in den europäischen Zuckerfabriken veranlaßte in der zweiten Hälfte des vorigen Jahrhunderts bedeutende Biologen und Chemiker, sich mit diesem eigenartigen Stoff zu beschäftigen. SCHEIBLER erkannte die starke optische Rechtsdrehung der wäßrigen Schleimlösung und leitete daraus den Namen „Dextran“ ab. Ebenso wie VAUQUELIN ordnete er Dextran den celluloseähnlichen Stoffen zu. Weil er aber auf Grund unvollkommener Reinigungsmethoden noch Stickstoff nachweisen konnte, glaubte er, daß Dextran eine protoplasmatische Substanz sei, die von den Rübenzellen ausgeschieden werde.

In diese Zeit fällt der erste Versuch, die Verschleimung von Zuckersäften zu nutzen. DURIN, ein Franzose, der wissenschaftlich die Ansichten SCHEIBLERS vertrat, ließ sich die Schleimbildung als biosynthetische Darstellung von Cellulose patentieren.

Vor ihm hatten jedoch schon einige Biologen, unter ihnen PASTEUR, auf den mikrobiellen Ursprung des Dextrans hingewiesen. PASTEUR beschrieb die Dextranbildung als „schleimige Fermentation“. Von keinem geringeren als CIENKOWSKI, dem Begründer der russischen Mikrobiologie, wurde eine taxonomische Einordnung der Dextranbildner versucht. Wegen der (angeblichen) Endosporenbildung ordnete er sie in die Gattung der Ascococcen ein und gab ihnen wegen des gekröseähnlichen (mesenteroiden) Aussehens des Schleims auf Oberflächenkulturen den Namen Ascococcus mesenteroides. CIENKOWSKIS Befund über die Endosporenbildung konnte jedoch nicht bestätigt werden. VAN TIEGHEM (1878) stellte für die Dextranbildner eine eigene Gattungsbezeichnung auf. Er wählte den Namen Leuconostoc, weil sich die Bakterien häufig zu farblosen (weiß = leukos) längeren Ketten aneinanderreihen und dadurch eine entfernte Ähnlichkeit mit der Grünalge Nostoc entsteht. Der Name Leuconostoc mesenteroides ist auch die heute noch gültige Bezeichnung einer dextranbildenden Bakterienart.

Jedoch mußten mehr als 50 Jahre vergehen, ehe man es lernte, durch geeignete Kulturmethoden Reinzuchten anzulegen und eindeutige Charakterisierungen für die Diagnostik anzugeben. Es ist verständlich, daß bis zu diesem Zeitpunkt eine Fülle von dextranbildenden Bakterien mit den unterschiedlichsten Gattungs- und Artennamen bezeichnet wurden. HUCKER und PEDERSON haben 1930 in einer grundlegenden Arbeit das in zahlreichen Veröffentlichungen verstreute Material einer Revision unterzogen und konnten die meisten Dextranbildner zwei Arten zuordnen: Leuconostoc mesenteroides und Leuconostoc dextranicum (vgl. Tab. 3).

Ähnlich wie sich die Kenntnisse über die taxonomische Zugehörigkeit der Dextranbildner nur langsam festigten, verhielt es sich mit der Biochemie der Dextranbildung. Unzureichende Reinigungsmethoden und, wie man erst sehr spät fand, der adaptative Charakter des dextranbildenden Enzyms, erschwerten die Arbeiten ungemein. Fast gleichzeitig mit der Arbeit von HUCKER und PEDERSON erschien 1931 die grundlegende Arbeit zur mikrobiologischen Synthese des Dextrans von TARR und HIBBERT. Die Autoren gaben eine noch heute allgemein benutzte Rezeptur des Nährbodens an. Über den Mechanismus der Dextranbildung, über die Wirkungsweise der einzelnen Komponenten der Nährlösung, konnten sie noch keine Auskunft geben. Sie nahmen an, wie einige Wissenschaftler vor ihnen, daß eine optimale Dextransynthese nur mit Saccharose gelingt, besonders aktive Stämme jedoch auch Glucose benützen könnten. Die Aufklärung des Mechanismus der Dextransynthese gelang HEHRE 10 Jahre später. Mit zellfreien Enzympräparaten, aus Leuconostoc mesenteroides-Kulturen gewonnen, gelang ihm die Dextransynthese nur aus Saccharose. Er gab dem Enzym (oder Enzymsystem), das die Dextranbildung katalysiert, den Namen „Dextransucrase“. „Sucrose“ ist der angelsächsische Name für Saccharose. Deshalb findet man im deutschen Schrifttum auch den Namen „Dextransaccharase“. Da sich aber der Name Dextransucrase international durchgesetzt hat, werden wir ihn hier ebenfalls benutzen.

In den folgenden Jahren, vor allem angeregt durch die Anwendung von klinischem Dextran, wurden die Fragen des Mechanismus der Enzymreaktion, der Struktur der

Dextrane und andere bearbeitet, so daß heute Dextran eines der bestuntersuchten Polysaccharide ist.

Für Dextran wurden zahlreiche Anwendungsgebiete vorgeschlagen. Der erste Versuch einer Anwendung geht auf einen englischen Arbeitskreis zurück, in dem bereits 1937 die Möglichkeiten einer Verwendung als Blutplasma-Expander erörtert wurden. Man sah im Dextran (und anderen Polysacchariden) ein für diesen Zweck geeignetes Makromolekül, dessen α-1,6-glucosidische Bindungen einer Spaltung durch die β-Amylase des Körpers widerstehen und das sich aus Zucker leicht herstellen läßt. Das Problem zu lösen gelang 1943 INGELMAN und GRÖNWALL in Schweden, die ein teilhydrolysiertes, fraktioniertes Dextran von einem Molekulargewicht um 100000 herstellten, das den klinischen Anforderungen weitgehend entsprach. Klinisches Dextran wird heute von vielen Ländern hergestellt. Besonders die Koreakrise hat zu einem regelrechten „boom“ geführt. In den USA schossen Fabrikationsanlagen aus dem Boden, die heute zum Teil nicht ausgelastet sind.

Diese Entwicklung war mit ein Anlaß, neue Anwendungsgebiete für Dextran zu erkunden. In der Patentliteratur sind zahlreiche Darstellungsarten des Dextrans und seiner Derivate sowie Anwendungsmöglichkeiten beschrieben.

Das zum Dextran analoge Fructosan Lävan (β-2,6-Fructosan) und die es bildenden Bakterien sind häufig mit den Dextranbildnern vergesellschaftet. Wie Dextran kann Lävan nur aus Saccharose mikrobiell erzeugt werden. Während bei der Dextransynthese der Glucoseanteil polymerisiert wird, ist es bei der des Lävans der Fructose-Anteil. Daher ist es zu verstehen, daß bei den wissenschaftlichen Untersuchungen über die Synthese des Dextrans die des Lävans häufig mit berücksichtigt wurde. Während aber Dextran im wesentlichen nur von Arten der Gattung Leuconostoc gebildet wird, sind die Lävanbildner in verschiedenen Gattungen anzutreffen, so z. B. Bacillus sp., Xanthomonas sp., Acetobacter sp.,

Aerobacter sp., Bacterium sp., Pseudomonas sp. und andere. Auch ist der Ort der Lävanbildung und die Art der Lävansucrase unterschiedlich (vgl. Tab. 4). Eine weitere Besonderheit der Lävanbildner, die auch in der Tabelle vermerkt wurde, ist das gleichzeitige Auftreten von Enzymen, die das Lävan abbauen können, die Lävanasen. Dextranasen kommen zwar in Mikroorganismen vor, z. B. bei einigen Bakterien und vor allem bei Schimmelpilzen (Penicillium- und Aspergillus-Arten), jedoch wurden sie noch nie bei den Dextranbildnern gefunden.

Tab. 4 Bildungsort und Art der Lävansucrasen und Lävanasen

Lävansucrase	Lävanase	Vorkommen
konstitutiv, intrazellulär	nicht vorhanden	alle gram-negativen, lävanbildenden Bakterien (Pseudomonas sp., Aerobacter sp., Serratia sp., mit Ausnahme: Pseudomonas caryophylli)
konstitutiv, extrazellulär	konstitutiv extrazellulär	Pseudomonas caryophylli
adaptativ intrazellulär	nicht vorhanden	Microbacterium sp., Corynebact. sp., Arthrobacter sp.
adaptativ extrazellulär	adaptativ extrazellulär	Bacillus sp.

Technische Anwendung haben Lävane oder ihre Derivate noch nicht gefunden. In der Patentliteratur werden im wesentlichen zum Dextran analoge Anwendungen angegeben, so z. B. Lävane von bestimmtem Molekulargewicht als Blutplasma-Expander. Eine interessante Möglichkeit Reinstfructose über die Lävansynthese aus Saccharose zu gewinnen, wird in einer Patentschrift beschrieben.

In den letzten Jahren setzte in einigen Ländern, besonders in den USA eine intensive Suche nach Mikroorganismen ein, die in großen Mengen Polysaccharide bilden. Von dem U. S. Department of Agriculture wurde über die Isolation zweier Mikroorganismen berichtet, die in großen Mengen Polysaccharide mit sehr spezifischen Eigenschaften bilden.

Durch die Hefe Hansenula holstii wird aus Glucose ein Mannan gebildet, das zu 20% mit Phosphorsäure verestert ist. Dieses Phosphomannan löst sich in Wasser zu einer klaren, viskosen Lösung. Seine Anwendungsmöglichkeiten sind sehr vielseitig. Es kann als Verdicker, Stabilisator, Emulgator usw. in ähnlicher Weise eingesetzt werden, wie es von den pflanzlichen Polysacchariden bekannt ist. Zusätzlich kann die Wirkung der phosphorsauren Gruppe ausgenützt werden, so für die Bindung von Kationen.

Von einem pflanzenpathogenen Bakterium, Xanthomonas campestris, wird aus Glucose ein leicht saures Polysaccharid synthetisiert, dessen Bausteine, Mannose, Glucose und Glucuronsäure, letztere teilweise acetyliert, sind. Die besonderen Eigenschaften dieses Produktes sind sein Gel- und Filmbildungsvermögen. Es bilden sich sehr flexible Filme, die dieses Polysaccharid besonders in der Nahrungsmittelindustrie für die Herstellung eßbarer Schutzhüllen begehrt machen.

5. Zum Stoffwechsel und zur Biologie der schleimbildenden Mikroorganismen

Die Frage nach der Bedeutung, die die extrazellulären Polysaccharide für die sie produzierenden Mikroorganismen haben, wird heute dahingehend beantwortet, daß die Schleimbildung eine zufällig erworbene Leistung und für die Mikroorganismen ohne erkennbare Bedeutung ist. Hierfür können einige sehr plausible Gründe angeführt werden: Schleimbildung ist ein für die Entwicklung der

Mikroorganismen nicht notwendiger Vorgang. Sie tritt nur ein, wenn eine spezifische Kohlenstoffquelle, die Baustein ist — oder sich durch einen einfachen Prozeß in ihn umwandeln läßt — angeboten wird. Die extrazellulär gebildeten oder ausgeschiedenen Schleime sind von stofflich anderer Natur als die schleimigen Kapseln, die viele Bakterien als Schutzhülle umgeben. Die Schleimkapsel des Leuconostoc mesenteroides z. B. besteht aus einem Polysaccharid, dessen Bausteine Glucose und Galaktose sind. Allgemein sind Kapselpolysaccharide komplex zusammengesetzte Polysaccharide.

Gegenwärtig werden vier verschiedene mikrobielle Polysaccharide für technische Zwecke angeboten, wobei lediglich Dextran produziert wird, während Lävan, Phosphomannan und das Xanthomonas-Polysaccharid in Versuchsanlagen hergestellt werden.

Die für technische Synthesen ausschließlich verwendeten Dextranbildner Leuconostoc mesenteroides und Leuconostoc dextranicum gehören zu den Milchsäurebakterien. Xanthomonas-Polysaccharide werden von pflanzenpathogenen Bakterien, das Phosphomannan wird von einer Hefe und die Lävane werden von verschiedenen Bakterienarten gebildet.

Offensichtlich ist die Schleimbildung nicht mit dem normalen Stoffwechsel verknüpft, sie wird aber sekundär von ihm beeinflußt. Betrachten wir die biochemischen Veränderungen, die bei der Dextransynthese auftreten. Eine typische Nährlösung für die Kultur von Leuconostoc mesenteroides hat folgende Zusammensetzung:

Pepton	0,1%
Saccharose	10 %
KCl	0,1%
$Na_2HPO_4 \cdot 12H_2O$	0,2%
Rest	Leitungswasser
Ausgangs-pH	8,0.

Pepton, ein aufgeschlossenes Eiweiß aus tierischem Gewebe, dient den Bakterien als Stickstoffquelle (L.

mesenteroides kann bestimmte Aminosäuren nicht selbst synthetisieren).

Saccharose wird sowohl für die Dextransynthese als auch als Kohlenstoffquelle für den Bau- und Betriebsstoffwechsel benötigt.

Von den Salzen erfüllt das Phosphat zwei Funktionen; es verhindert eine zu schnelle Säuerung der Nährlösung (Pufferwirkung) und ist für den Stoffwechsel unentbehrlich.

Wird nun diese Nährlösung mit den Bakterien beimpft, so erfährt die Saccharose durch das Stoffwechselgeschehen sehr typische, analytisch leicht zu verfolgende Veränderungen. Um diese zu verstehen, müssen wir uns zunächst mit der Physiologie der Milchsäurebakterien, zu denen die Gattung Leuconostoc gehört, vertraut machen. Bei den Milchsäurebakterien (Lactobacteriaceae) unterscheidet man zwischen den homofermentativen, die aus Zucker nur Milchsäure und den heterofermentativen, wozu Leuconostoc gehört, die außerdem Äthanol, Essigsäure und CO_2 bilden. Hinsichtlich dieser Endprodukte ist es gleich, ob der Abbau des Zuckers unter aeroben oder anaeroben Bedingungen (d. h. bei Anwesenheit oder Nichtanwesenheit von Sauerstoff) erfolgt. Durch Verwendung markierter Atome konnte die Verteilung der einzelnen Kohlenstoffatome der Glucose auf die Endprodukte ermittelt werden:

$$C_1 \rightarrow \underset{1}{C}O_2$$

$$\begin{matrix} C_2 \\ C_3 \end{matrix} \rightarrow \underset{2}{C}H_3 \cdot \underset{3}{C}OOH$$

$$\begin{matrix} C_4 \\ C_5 \\ C_6 \end{matrix} \rightarrow \underset{6}{C}H_3 \cdot \underset{5}{C}HOH \cdot \underset{4}{C}OOH$$

Die entstehenden Säuren verschieben den pH von ursprünglich 8 auf etwa 4. Diese pH-Veränderung beeinflußt das Wachstum, die Enzym- und die Dextransynthese entscheidend. Das pH-Optimum für die Bakterienvermehrung liegt für Leuconostoc bei 6,5—8, das Optimum der Enzymbildung bei 7, unterschiedlich davon liegt das pH-Optimum für die Dextransynthese bei 5,2.

Verfolgen wir eine Dextransynthese hinsichtlich der Veränderungen des pH-Wertes, der Saccharose- und Dextrankonzentration, so ergibt sich folgendes Bild (Abb. 4):

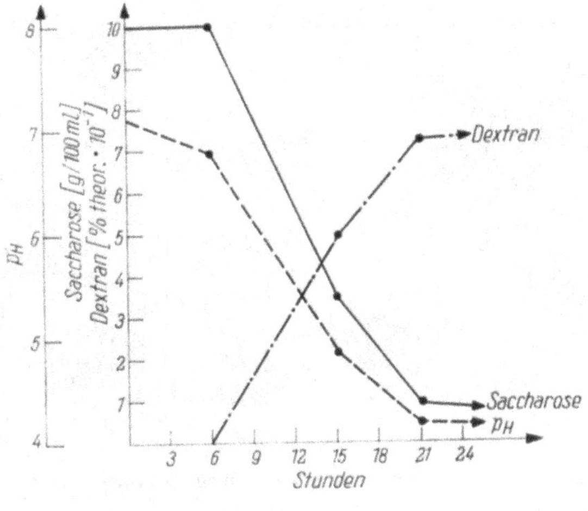

Abb. 4 Der Verlauf der Dextran- und Säurebildung (pH) aus Saccharose

Die freiwerdende Fructose unterliegt jedoch auch Veränderungen. Teilweise wird sie in den Säurestoffwechsel mit einbezogen, teilweise wird sie zu Mannit reduziert oder bildet, wie später noch erläutert wird, unter Aufnahme eines Glucosyls das Disaccharid Leucrose. Die quantitativen Veränderungen durch Umwandlung der Saccharose in Dextran und Fructose und deren Folgeprodukte sind in Abb. 5 schematisch dargestellt.

Für technische Dextransynthesen ist es von Bedeutung, ob die Synthese mit hohen Ausgangskonzentrationen an

Saccharose durchgeführt werden kann, weil hohe Konzentrationen bei ungestörter Synthese und gleichen prozentualen Ausbeuten die Wirtschaftlichkeit des Verfahrens beträchtlich erhöhen. Den Einfluß der Saccharosekonzentration auf Ausbeute und Dauer der Fermentation (Zeiten in Klammern) zeigt Abb. 6. Interessant ist die gleichbleibende prozentuale Ausbeute an Dextran und

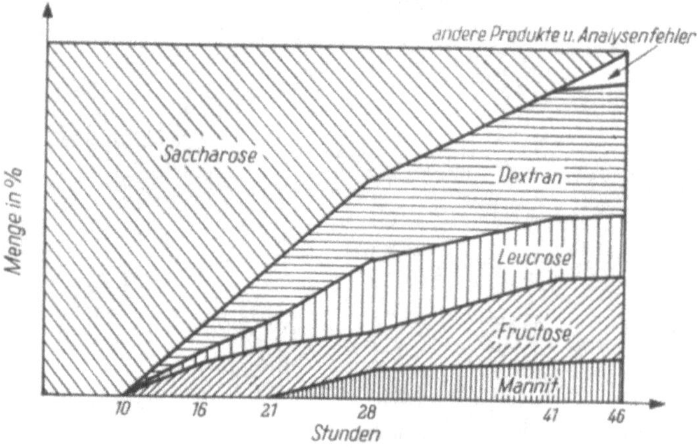

Abb. 5 Kohlenhydratstoffwechsel während der Dextransynthese

die Wechselwirkung von Leucrose- und Mannitbildung aus Fructose in Abhängigkeit von der Konzentration.

Bei einer wirtschaftlichen Durchführung des Prozesses sind die „Nebenprodukte“ der Dextransynthese, Fructose und Mannit, von Bedeutung, da beide, wenn sie gewonnen werden, einen guten Verkaufspreis haben, der die Kosten für das technische Dextran senken kann.

Die Dextransynthese läßt sich auch als fermentative Zerlegung der Saccharose zur Fructosegewinnung betrachten, wobei der unliebsame Glucoseanteil polymerisiert wird und dadurch ohne besondere Schwierigkeiten aus der „Fructose“lösung entfernt werden kann.

Bei den dextranbildenden und einigen lävanbildenden Bakterien sind die schleimbildenden Enzyme adaptativ, d. h. die Bakterien bilden sie nur bei Anwesenheit des Substrates Saccharose. Obwohl diese Bakterien als Kohlenstoffquelle auch andere organische Verbindungen verwerten können, müssen die Vorkulturen Saccharose enthalten, damit das Dextran- bzw. Lävanbildungsvermögen erhalten bleibt.

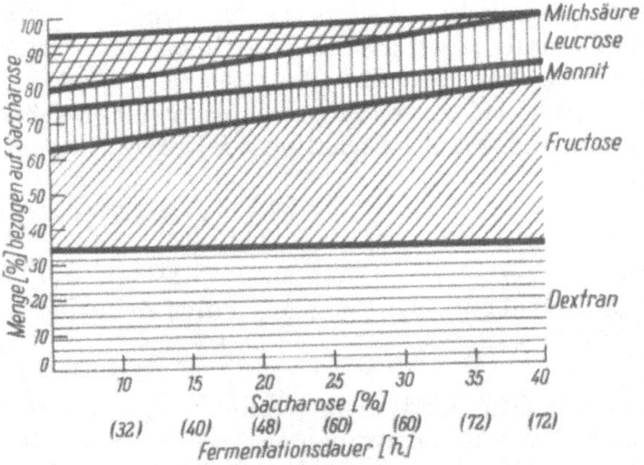

Abb. 6 Fermentationsprodukte in Abhängigkeit von der Saccharosekonzentration

Abhängig vom verwendeten Stamm (Varietät) werden von den dextranbildenden Bakterien sehr unterschiedliche Dextrane gebildet. Es sind zahlreiche Dextrane beschrieben worden, die von Varietäten des Leuconostoc mesenteroides synthetisiert wurden. Die Unterschiede drückten sich aus in der Ausbeute, im Molekulargewicht, in der Verzweigungsart und dem Verzweigungsgrad. Schon bei äußerlicher Betrachtung sind unterschiedliche Dextrane erkennbar. So kann die Kulturlösung gering oder stark viskos oder auch gelartig sein. Es gibt Dextrane, die nach Ausfällen mit z. B. Methanol in Wasser nur schwer zu lösen sind, andere wieder zeichnen sich durch negativ thixotropes Verhalten aus. Negativ thixotrope wäßrige Dextranlösungen verfestigen sich bei Bewegung der Lösung. Wenn man z. B. eine 5%ige wäßrige Lösung eines derartigen Dextrans in einem Becherglas langsam in einer Richtung rührt, so vollführt die Lösung nach Unterbrechung der Rührung kurzzeitig eine Bewegung, die der Rührbewegung entgegengesetzt ist.

Diese unterschiedlichen Eigenschaften, von denen hier nur die Eckpunkte vielfältiger Möglichkeiten genannt werden konnten, eröffnen den Dextranen die verschiedenartigsten technischen Anwendungsgebiete. Es ist daher sehr wichtig, bei anwendungstechnischen Versuchen die stammabhängigen Eigenschaften der Dextrane zu berücksichtigen.

6. Die mikrobielle Synthese der Polysaccharide

Polysaccharide sind energiereiche Verbindungen. Ihre Synthese läuft unter Aufnahme von freier Energie ab (endergonischer Prozeß). Sie muß demnach mit einem energieliefernden Prozeß verknüpft sein.

Bei der Bildung von Stärke aus Glucose

$$\text{Glucose} \rightleftharpoons \text{Stärke} \qquad \Delta F + \text{(endergonisch)}$$

muß der Reaktion Energie zugeführt werden. Der wichtigste Energieträger in der Biochemie ist das Adenosintriphosphat (ATP):

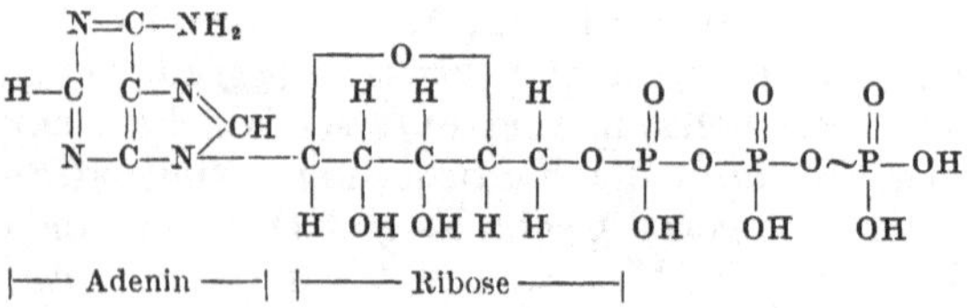

Der endständige Phosphatrest ist durch eine sog. „energiereiche Bindung“ (∼) mit dem übrigen Molekül (Adenosindiphosphat = ADP) verbunden. Durch Übertragung (chemisch eine Umesterung) des energiereichen Phosphats (oft als „∼P“ bezeichnet) erhalten endergonische Reaktionen die für ihren Ablauf notwendige Energie. Das dabei entstehende ADP wird durch andere, energieliefernde (exergonische) Reaktionen wieder zu ATP „aufgeladen“.

Bei der Synthese des Polysaccharids Stärke wird die Energie durch eine derartige Phosphorylierung geliefert:

$$\text{Glucose} + \text{ATP} \rightleftharpoons \text{Stärke} + \text{ADP} + \text{PO}_4''' \quad (\Delta F -)$$

Die Reaktion der Glucose mit ATP wird durch das Enzym Hexokinase katalysiert:

$$\text{Glucose} + \text{ATP} \xrightarrow{\text{Hexokinase}} \text{Glucose-6-Phosphat} + \text{PO}_4'''$$

Durch das Enzym Phosphoglucomutase erfolgt dann die Umwandlung zum Glucose-1-phosphat, welches die energiereiche Ausgangssubstanz für die Polymerisationsreaktionen ist.

$$\text{Glucose-6-phosphat} \xrightleftharpoons{\text{Mutase}} \text{Glucose-1-phosphat}$$

Das Enzym, welches die Polymerisationsreaktionen bewirkt, ist die Phosphorylase:

$$\underset{\text{(Glucose-1-phosphat)}}{n\,C_6H_{11}O_5 \cdot OPO_3H_2} \xrightleftharpoons{\text{Phosphorylase}} \underset{\text{(Stärke)}}{(C_6H_{10}O_5)_n} + n\,H_3PO_4$$

Dextran und Lävan werden jedoch nicht über phosphorylase-katalysierte Reaktionen gebildet. Die für ihre Synthese notwendige Energie wird von der energiereichen Bindung der Saccharose geliefert:

$$\underset{\text{(Saccharose)}}{\text{n Glucosido-1,2-Fructosid}} \xrightleftharpoons{\text{Dextran-sucrase}} \underset{\text{(Dextran)}}{(C_6H_{10}O_5)_n} + \text{n Fructose}$$

$$\xrightleftharpoons{\text{Lävan-sucrase}} \underset{\text{(Lävan)}}{(C_6H_{10}O_5)_n} + \text{n Glucose}$$

(Bei der Dextransynthese wurde eine Rückreaktion bisher nicht eindeutig beobachtet.)

Der Zusammenhang zwischen den beiden Syntheseformen geht aus dem folgenden Schema hervor

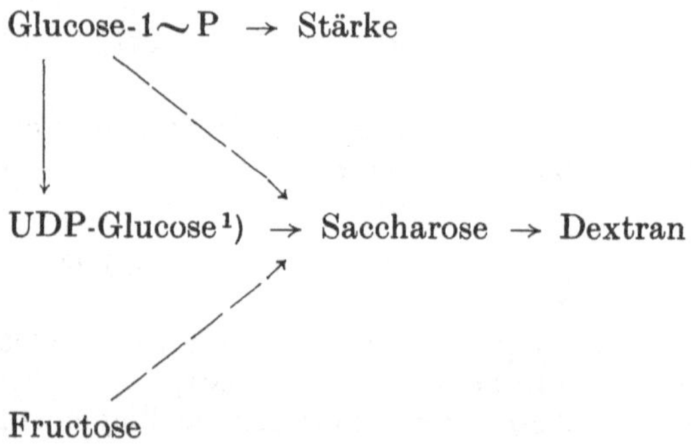

Die Saccharose ist somit nicht nur ein Reservekohlenhydrat, sondern auch eine wichtige Energiereserve.

Neben der Dextran- und Lävansynthese gibt es noch einige andere Synthesen, die von der Saccharose als Substrat und als Träger einer energiereichen glykosidischen Bindung ausgehen.

Betrachten wir die Polymerisation als eine Reaktion, bei der lediglich Glucoseradikale auf die Kette übertragen werden, sog. Transglucosylierungen (allgemein:

---

[1]) UDP-Glucose = Uridindiphosphatglucose und Fructose (bzw. Fructosephosphat) sind die Ausgangssubstrate für die enzymatische Saccharosesynthese in vielen höheren Pflanzen, während die Synthese über Glucose-1-Phosphat und Fructose durch ein bakterielles Enzym (Pseudomonas saccharophila) katalysiert wird.

Transglykosylierung), so ergibt sich für beide Typen ein gemeinsames Reaktionsschema. Von einem Donatormolekül D-OG wird die Glucose (G) auf ein Akzeptormolekül A-OH übertragen (OH = Hydroxyl).

D—OG	+ A—OH	⇌ A—OG	+ D—OH
Glucosido-1-Phosphat	$(\text{Amylose})_n$	$(\text{Amylose})_{n+1}$	Phosphorsäure
Glucosido-1,2-Fructosid	$(\text{Dextran})_n$	$(\text{Dextran})_{n+1}$	Fructose

Um nähere Einblicke in die Polysaccharidsynthese am Beispiel der Dextransynthese zu gewinnen, ist es zweckmäßig, diese in die verschiedenen Vorgänge, die in die Synthese eingreifen, zu trennen, um sie sowohl einzeln als auch in ihrer Wechselwirkung zu untersuchen.

Insgesamt unterscheiden wir in

Teilvorgang 1: die Vermehrung der Mikroorganismen

Teilvorgang 2: die Produktion von Dextransucrase durch die Mikroorganismen

Teilvorgang 3: der Stoffwechsel der Mikroorganismen

Teilvorgang 4: die Bildung von Dextran durch das Enzym.

6.1. Die Vermehrung der Mikroorganismen (Teilvorgang 1)

Die Vermehrung der Mikroorganismen gehorcht den Gesetzen der Populationsdynamik. Eine zur Zeit $t_0 = 0$ in die Kulturlösung eingeimpfte Organismenmenge x_0 hat sich nach einer Zeit t auf

$$x_t = x_0 e^{\mu t} \tag{1}$$

vermehrt. μ stellt dabei die sog. Wachstumsgeschwindigkeitskonstante dar. Sie ist während der Dauer der Vermehrung nicht konstant, sondern ändert sich in der anfänglichen Verzögerungsphase von 0 bis zu einem maximalen Wert, den sie über einen weiteren Zeitabschnitt, der exponentiellen Wachstumsphase, beibehält, um dann in der folgenden verzögerten Wachstumsphase wieder allmählich auf 0 abzusinken.

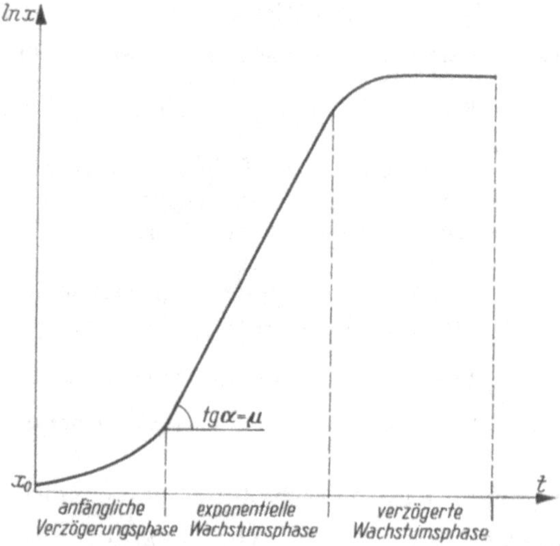

Abb. 7 Wachstumskurve

In Abb. 7 ist der Verlauf der Zunahme der Zellmasse in halblogarithmischem Maßstab dargestellt. μ ergibt sich als Steigung der Kurve, da durch Logarithmieren von Gl. (1)

$$\ln x_t - \ln x_0 = \mu t \tag{2}$$

die Gleichung einer Geraden erhalten wird.

Durch Differenzieren von Gl. (2) nach x und t erhalten wir den Differentialansatz

$$\frac{dx}{dt} = \mu x, \tag{3}$$

eine Geschwindigkeitsgleichung, die uns aus der chemischen Reaktionskinetik als Gleichung einer positiven autokatalytischen Reaktion 1. Ordnung bekannt ist. Solche Reaktionen sind dadurch gekennzeichnet, daß ihre Geschwindigkeit mit der Konzentration des Produktes ansteigt. Dieses Gesetz gilt in einer Population nur über sehr begrenzte Zeiträume, da entweder das Medium erschöpft oder toxische Stoffwechselprodukte angehäuft werden.

6.2. Die Produktion von Dextransucrase (Teilvorgang 2)

Wenn wir das Wachstum der Zellen mit der Zunahme der Dextransucrase vergleichen, indem wir es in das gleiche halblogarithmische Schema einzeichnen, so finden wir, daß beide Kurven mit einer zeitlichen Verschiebung parallel laufen (Abb. 8).

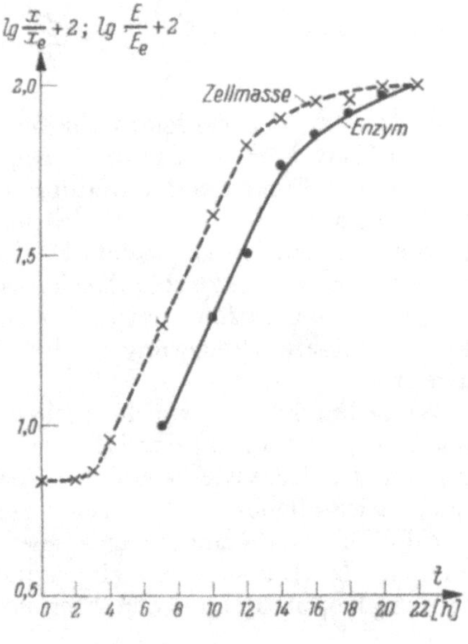

Abb. 8
Wachstums- und Enzymbildungskurve für Leuconostoc mesenteroides R_1 (Bernburg)

Die Parallelität des Verlaufs von Zellmasse- und Produktbildung entspricht gleichen Geschwindigkeiten und (kinetisch) gleichem Reaktionstyp und wird bei mikrobiologischen Produktbildungen häufig gefunden. Man bezeichnet solche Vorgänge als pseudoautokatalytisch, da sie analog Gl. (3) der Gleichung

$$\frac{dE}{dt} = \mu E \tag{4}$$

gehorchen, die Geschwindigkeit der Enzymbildung (Produktbildung) also proportional dem bereits gebildeten Enzym (Produkt) zu sein scheint. Das kann natürlich nicht der Ausdruck des wirklichen Vorganges sein; denn Enzyme können sich nicht selbst erzeugen. Vielmehr werden sie von den Zellen erzeugt und müssen mit der Zellmassebildung in Zusammenhang gebracht werden. Dementsprechend gilt

$$\frac{dE}{dt} = f^* \frac{dx}{dt}, \tag{5}$$

wobei aus (3) und (4) leicht abgeleitet werden kann, daß f^* den Wert E/x besitzen muß. Die Bildung des Enzyms ist also eine Funktion der Bildung der Biomasse.

Die Bildung des Enzyms wird auch von der Konzentration der Saccharose beeinflußt. Die Menge des erzeugten Enzyms ist bis zu 2% Saccharose eine Funktion von deren Konzentration, darüber werden im allgemeinen keine weiteren Steigerungen der Enzymmenge beobachtet.

Weiterhin können wir feststellen, daß die Stickstoffquelle zur Ernährung der Mikroorganismen die Konzentration des Enzyms beeinflußt. Als günstigste Eiweißquelle wird allgemein Maisquellwasser gefunden.

pH-Wert und Temperatur spielen für die Bildung des Enzyms Dextransucrase keine entscheidende Rolle, da hier die Kopplung an das Bakterienwachstum überwiegt.

So stellen die Maxima der Vermehrungsgeschwindigkeit bei einem pH um 7 und einer Temperatur um 25 °C gleichzeitig die Optima der Enzymbildung dar.

pH-Wert und Temperatur beeinflussen aber entscheidend die Lebensdauer des Enzyms. Die Empfindlichkeit der Enzyme gegen ihre Umweltsbedingungen charakterisiert man allgemein durch die Bestimmung ihrer Halbwertszeit. Das ist die Zeit, bei der die Hälfte des ursprünglich vorhandenen Enzyms zerstört ist. Daraus ermittelt man die Zerfallskonstante, K_z, die sich aus kinetischen Überlegungen ergibt und eine Funktion der Umweltbedingungen ist. Bei variierenden Umweltbedingungen werden wir unterschiedliche Zerfallskonstanten erhalten. So hat man für die Veränderung des pH-Wertes einen Gang der Zerfallskonstante gefunden, der ein scharfes Minimum bei pH 5,2 aufweist und nach niedrigeren Werten einen sehr steilen, nach höheren Werten einen flacheren Anstieg aufweist (s. Abb. 10).

Aus den Größen für die Zerfallskonstante läßt sich leicht berechnen, daß beim pH 5,2 eine Zeit von ungefähr 4000 h vergehen muß, bevor die ursprüngliche Enzymkonzentration auf die Hälfte absinkt, beim pH 6,0 eine Zeit von ungefähr 500 h und beim pH 7,0 eine Zeit von nur etwa 70 h. Unter pH 5 zerfällt das Enzym sehr schnell.

Bedenken wir, daß das Maximum der Organismenvermehrung zwischen pH 7 und 8 liegt, sich aber die Vermehrung zwischen 6 und 7 nur wenig vom Maximum unterscheidet, so stellen wir fest, daß für die betrachteten Zeiten der Enzymbildung, die zwischen 16 und 24 h liegen, das Enzym praktisch stabil ist.

Ähnliches gilt für den Einfluß der Temperatur. Die Inaktivierung des Enzyms beginnt merklich erst über 30 °C, das Optimum für die Vermehrung der Bakterien (Leuconostoc) liegt unter 30 °C in Bereichen, in denen das Enzym praktisch stabil ist.

In Abb. 9 ist der Logarithmus der Enzymaktivität gegen die Zeit aufgetragen. Die fett gedruckte Linie stellt den Wert $E_0/2$ dar. Die dünneren Linien sind Isothermen, die die Aktivitätsminderung der Dextransucrase bei einer bestimmten Temperatur mit der Zeit beschreiben. Das Lot vom Schnittpunkt der Halbwertskonzentration mit den Isothermen ergibt direkt den Wert für die Halbwertszeit des Enzyms bei der entsprechenden Temperatur.

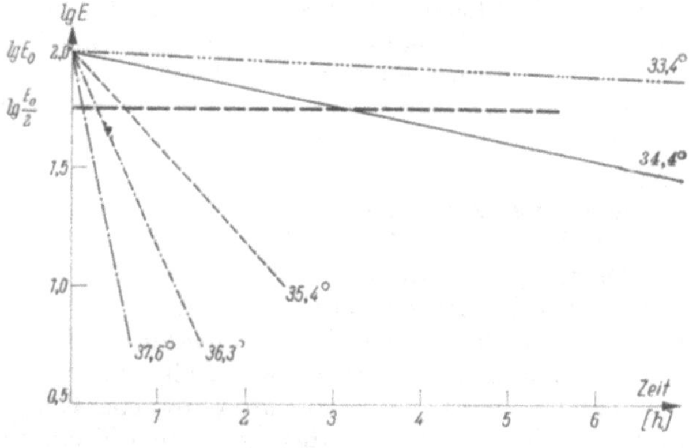

Abb. 9 Thermischer Zerfall der Dextransucrase (aus Patat, F., Dechema-Monograph. *29*, 202, 1957)

Die hier beschriebenen Umwelteinflüsse gelten quantitativ für Enzymlösungen, wie sie etwa durch Synthese in einer schwachprozentigen Saccharoselösung (ungefähr 2%ig) entstehen. In höherprozentigen Saccharoselösungen, in denen bereits beträchtliche Mengen Dextran gebildet sind, erhöht sich vor allem die pH-Stabilität des Enzyms beträchtlich. So ist es ohne weiteres möglich, daß im Verlaufe einer Dextransynthese beim Erreichen von pH 4 das Enzym noch wirksam ist. Dextran wirkt also in bezug auf die Schädigung des Enzyms durch Wasserstoffionen ausgleichend.

6.3. Der Stoffwechsel der Mikroorganismen (Teilvorgang 3)

Mit der Lebenstätigkeit der dextranbildenden Mikroorganismen sind beträchtliche Veränderungen der Kulturlösung verbunden. Diese wurden in quantitativer Hinsicht bereits in einem vorangestellten Kapitel besprochen. Wir stellten fest, daß sich infolge der Bildung saurer Stoffwechselprodukte, wie Milchsäure und Essigsäure der pH-Wert während der Synthese bis auf etwa 4 senkt. Diese pH-Senkung ist bis hinunter zu kleinen Saccharosekonzentrationen (um 1%) unabhängig von dieser. Wirkung und Stabilität des Enzyms werden so im Verlauf der Fermentation, die durch einen pH-Abfall (von 8 auf 4) charakterisiert ist, beeinflußt.

6.4. Die Bildung von Dextran durch das Enzym (Teilvorgang 4)

Die Dextransucrase besitzt, wie viele Enzyme, ein Wirkungsmaximum, das von den Kulturbedingungen, wie pH-Wert, Temperatur und Konzentration des Substrates, abhängig ist. Schließlich spielt ihre eigene Konzentration für die Geschwindigkeit der Dextranbildung eine wichtige Rolle.

Die Umweltfaktoren pH-Wert und Temperatur beeinflussen, wie wir bereits gesehen haben, die Stabilität des Enzyms wesentlich. Für die Abhängigkeit der Wirkung vom pH-Wert ist festzustellen, daß das Wirkungsmaximum mit dem Stabilitätsmaximum zusammenfällt (Abb. 10). Dieser für die Praxis sehr günstige Fall wiederholt sich aber für den Temperatureinfluß nicht. Bei Erhöhung der Temperatur steigt die Reaktionsgeschwindigkeit. Die Thermoinstabilität der Dextransucrase setzt dabei der Erzielung größerer Reaktionsgeschwindigkeiten Grenzen.

Der Einfluß der Saccharosekonzentration bedingt unterschiedliche Reaktionsordnungen.

Bei Saccharosekonzentrationen unter 4% finden wir, daß die Geschwindigkeit der Dextranbildung bzw. Saccharosekonversion von der Saccharosekonzentration abhängig ist. In kinetischen Formeln ausgedrückt erhalten wir

$$\frac{dDx}{dt} = -\frac{dS}{dt} = KS, \tag{6}$$

die Gleichung einer Reaktion 1. Ordnung.[1])

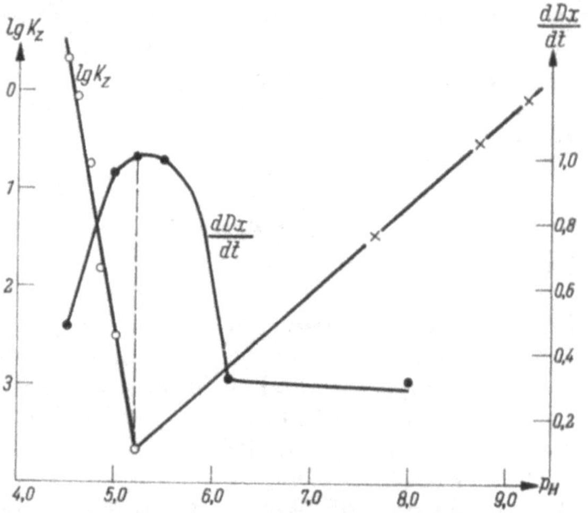

Abb. 10 Abhängigkeit des Enzymzerfalls (aus Patat, F., Dechema-Monograph. *29*, 201, 1957) und der Dextranbildungsgeschwindigkeit (aus Neely, B., J. Am. Chem. Soc. *80*, 2012, 1958) vom pH-Wert

Sie besagt, daß die Geschwindigkeit, Dextranbildung bzw. Saccharosekonversion, am Anfang der Reaktion am größten sein muß und mit fortschreitender Zeit immer

---

[1]) Bei den kinetischen Formeln sind die stöchiometrischen Koeffizienten vernachlässigt, da wir nur das Prinzipielle des Vorganges aufzeigen wollen.

geringer wird. In Lösungen mit Saccharosekonzentrationen über 4% bis etwa 30% ist die Reaktionsgeschwindigkeit unabhängig von der Konzentration:

$$\frac{dDx}{dt} = -\frac{dS}{dt} = \text{const.} \tag{7}$$

Es gilt die Gleichung einer Reaktion 0. Ordnung. Das bedeutet, daß sich mit fortschreitender Zeit die Reaktionsgeschwindigkeit nicht ändert (wenn nicht die Saccharosekonzentration von 4% unterschritten wird).

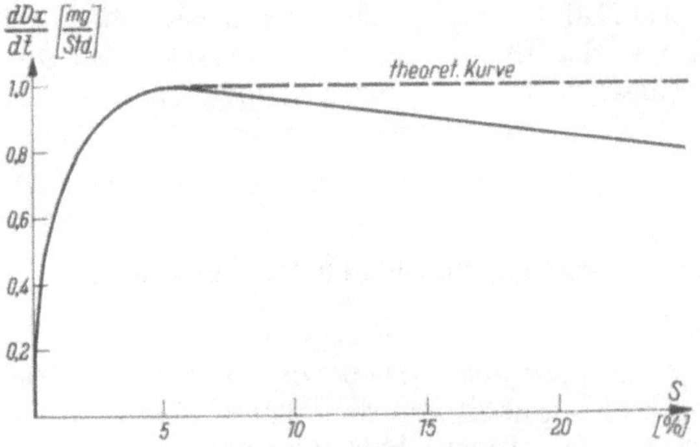

Abb. 11 Geschwindigkeit der Dextransynthese in Abhängigkeit von der Saccharosekonzentration (aus Patat, F., Dechema-Monograph. *29*, 203, 1957)

Bei unterschiedlichen Anfangskonzentrationen an Saccharose konnte jedoch keine Übereinstimmung der Reaktionsgeschwindigkeiten beobachtet werden. Bei 5–7% Saccharose tritt ein Maximum auf, das bei höheren Konzentrationen langsam abfällt. Bei einer Anfangskonzentration von 20% beträgt die Geschwindigkeit der Dextranbildung nur noch $^2/_3$ der maximalen (Abb. 11). In der Enzymkinetik sind solche Fälle der Abnahme der Umsetzungsgeschwindigkeit mit steigender Substratkonzentration wohlbekannt. Man bezeichnet sie als Substrathemmungen.

Durch Überangebot von Substrat (hier Saccharose) wird an das Enzym nicht nur ein Substratmolekül angelagert

$$E + S \rightarrow [ES],$$

sondern es bildet sich unter Anlagerung eines zweiten Substratmoleküls ein inaktiver Komplex

$$[ES] + S \rightarrow [ESS]_{inakt},$$

der der Reaktion den Katalysator (das Enzym) entzieht.

Der Einfluß der Enzymkonzentration entspricht der Grundregel der Enzymkinetik, die besagt, daß die Umsetzungsgeschwindigkeit linear proportional der sie hervorrufenden Enzymkonzentration ist.

7. Theorie der enzymatischen Polymerisation

Im Vorhergehenden haben wir die Bildung des Dextrans in Abhängigkeit von den allgemeinen Kulturbedingungen und den Eigenschaften des Enzyms untersucht, ohne zu berücksichtigen, daß die Dextranbildung ein Polymerisationsvorgang ist. Dieser Umstand ist aber für eine Erklärung des Mechanismus der Synthese von ausschlaggebender Bedeutung, da Polymerisationsvorgänge und insbesondere biologische Polymerisationen besonderen Gesetzmäßigkeiten unterliegen.

Zunächst ordnen wir die Dextranbildung in die Nomenklatur der Polymerisationsvorgänge ein. Wie wir bereits festgestellt haben, lagern sich die Glucosylreste der Saccharose unter Austritt von Fructose zum Polymeren zusammen, was einer Kondensationsreaktion entspricht.

Die Dextranbildung muß also zu den Kondensationspolymerisationen gezählt werden. Freilich nimmt sie unter diesen eine Sonderstellung ein, da bei gewöhnlichen Kondensationspolymerisationen das Monomere bald aus dem Reaktionsgemisch verschwindet und die gebildeten kurzen Ketten gemäß der Gleichung

$$P_x + P_y \rightarrow P_{x+y}$$

weiter kondensieren. Bei der Dextranbildung wird eine Kondensation von kürzeren Ketten untereinander nicht beobachtet, weshalb man dieser Besonderheit durch die Bezeichnung „biologische Kondensationspolymerisation" Rechnung trägt. (Wir werden später sehen, daß hierfür Einschränkungen bestehen.)

Da bei der Dextranbildung der gleiche Polymerisationsschritt sehr oft wiederholt wird, rechnet man sie zu den Kettenpolymerisationen. Dieser Reaktionstyp ist durch drei unterschiedliche Reaktionsschritte gekennzeichnet:

Kettenstart
Folgereaktion (Kettenbildung)
Kettenabbruch.

Formuliert man diese drei Reaktionsschritte in allgemeiner Form, so erhält man für

den Kettenstart

$$\underset{\text{Akzeptor}}{A{-}OH} + \underset{\text{Donator}}{D{-}OG} \rightarrow \underset{\text{Reaktionsprodukt}}{A{-}OG} + \underset{\text{freigesetztes Molekül}}{D{-}OH}$$

die Folgereaktion

$$A{-}OG + nD{-}OG \rightarrow \underset{\text{Polymeres}}{A{-}(OG)_{n+1}} + D{-}OH$$

den Kettenabbruch

$$A{-}(OG)_{n+1} + \underset{\text{Kettenbeendiger}}{B} \rightarrow A{-}(OG)_{\overline{n+1}}{-\!\!-}B$$

Für die Dextranpolymerisation erhebt sich nun die Frage, welche Stoffe in welcher Weise an diesen Reaktionsschritten beteiligt sind.

7.1. Akzeptoren

Betrachten wir den Vorgang der Dextransynthese in einem Medium, in der nur Saccharose und Enzym vorliegen, so muß die Saccharose sowohl Donator als auch Akzeptor (Kettenstarter) für das Glucosyl sein.

Für die Akzeptoreigenschaft der Saccharose gibt es zwei Beweise:

Einmal ist es gelungen, das Anlagerungsprodukt von einem Glucosylrest an die Saccharose zu isolieren, das gemäß der Gleichung

$$\underset{\text{Saccharose als Akzeptor}}{G{-}O{-}F} + \underset{\text{Saccharose als Donator}}{G{-}O{-}F} \xrightarrow{\text{Enzym}} \underset{\text{Reaktionsprodukt}}{G{-}O{-}G{-}O{-}F} + \underset{\text{Fructose}}{FOH}$$

mit folgender Struktur entsteht

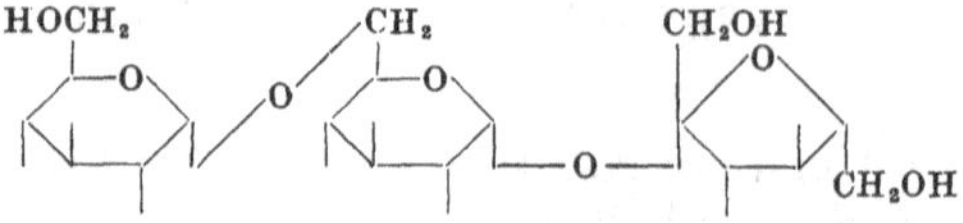

und eine viel stärkere Akzeptorwirkung als die Saccharose besitzt.

Zum anderen konnte man in Dextranen eindeutig Fructofuranosylendgruppen nachweisen, die nur gemäß

$$F{-}O{-}G + (G{-}O{-}F)_n \xrightarrow{\text{Enzym}} F{-}O{-}G{-}(O{-}G)_n + FOH$$

entstanden sein können, da die mögliche Akzeptorwirkung von Spuren freier Fructose zu Fructopyranosylendgruppen führen müßte, weil sich freie Fructose sofort in die stabilere Pyranoseform umlagert.

Wir wissen, daß bei der Dextranbildung in Saccharose-Enzymlösungen Dextrane mit außerordentlich hohem Molekulargewicht entstehen, deshalb müssen wir annehmen, daß die Akzeptorwirkung der Saccharose nur sehr gering ist, so daß wenn einmal eine Reaktion erfolgt ist, das jetzt vorliegende Trisaccharid bevorzugt weiterreagiert. Dadurch können nur sehr wenige, große Ketten entstehen.

Es gibt aber eine Reihe einfacher Zucker, die sich ebenfalls als Akzeptoren eignen. Diese übertreffen meist in ihrer Reaktionsfähigkeit die Saccharose um ein Vielfaches, so daß bei Synthesen in Akzeptor-Saccharose-Enzym-Lösungen neben hochmolekularem Dextran niedermolekulare Produkte bis herunter zu den Oligosacchariden gefunden werden.

Nach ihrer Akzeptorwirkung eingeteilt, können wir die Zucker in folgender Reihe und Gruppen anordnen:

1. Gruppe: Isomaltose, Maltose, α-Methylglucosid, Glucose, Fructose
2. Gruppe: Galaktose, Lactose, Raffinose
3. Gruppe: Cellobiose, Leucrose, Saccharose.

Als unwirksam erweisen sich Mannose und Trehalose.

Die möglichen Erklärungen für die unterschiedliche Akzeptorwirkung sind nicht ohne Widersprüche. So steht der mögliche Zusammenhang zwischen der Glucosekonfiguration der ersten Gruppe (bis auf die Fructose) und ihrer guten Akzeptorwirkung im Gegensatz zu der geringen Akzeptorwirkung der dritten Gruppe und der Unwirksamkeit der Trehalose, die alle ebenfalls eine Glucosekonfiguration enthalten. Außerdem bilden sich in Gegenwart von Cellobiose, Lactose und Raffinose trotz freier 6-Stellungen des Glucosemoleküls keine Anknüpfungspunkte an diesem C-Atom, wie das bei den anderen Akzeptoren der Fall ist, sondern wir erhalten verzweigte Produkte, deren Anknüpfungsstellen bei der Cellobiose und Lactose in der 2-Stellung des reduzierenden Bausteins, bei der Raffinose in der 2-Stellung des Glucosebausteins gefunden werden. Aus der geringen Akzeptorwirkung der Galaktose und der völligen Unwirksamkeit der Mannose hat man geschlossen, daß die Konfiguration der C-Atome 2 und 4 für die Akzeptorwirkung von Bedeutung ist, da sich diese beiden Zucker nur darin von der Glucose unterscheiden

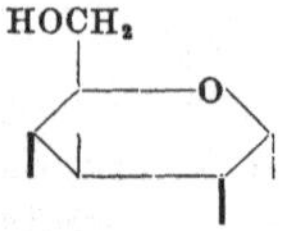

D-Glucose

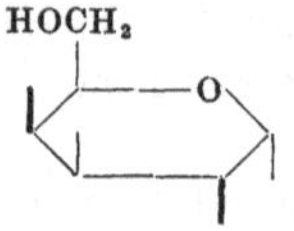

D-Galactose

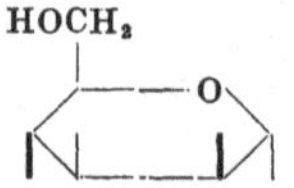

D-Mannose

Da D-3-Methylglucose als Akzeptor wirkt,

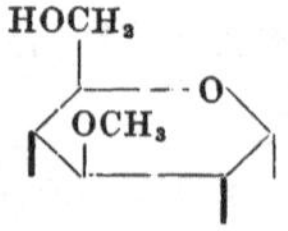

D-Xylopyranose aber als kompetitiver Hemmfaktor der Dextranbildung entgegensteht

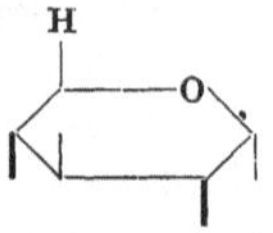

hat man hinreichend bewiesen, daß das Enzym die Akzeptoren mit D-2- und D-4-Stellungen bevorzugt.

Neben diesen qualitativen Eigenschaften der verschiedenen Akzeptoren interessieren natürlich auch ihre quantitativen hinsichtlich der Beeinflussung des Polymerisationsproduktes.

Der Einsatz von Akzeptoren eröffnet uns die Möglichkeit durch eine Lenkung des Kettenstarts die Polymerisation so zu steuern, daß optimale Ausbeuten an bestimmten Polymerisationsgraden erzielt werden.

Andererseits wird uns der Zusammenhang zwischen eingesetztem Akzeptor und entstandenem Polymeren Hinweise auf den Mechanismus der Polymerisation geben können.

Beim Einsatz niederer Zucker wie Glucose, Isomaltose, Isomaltotriose und ihrer Homologen als Akzeptoren finden wir in den Syntheseprodukten immer neben Oligosacchariden der Isomaltosereihe und niederen Dextranen einen Anteil hochmolekulares Dextran, der immer kleiner wird, je höher die Konzentration des eingesetzten Akzeptors bzw. je größer sein Molekulargewicht ist. Setzen wir niedermolekulares Dextran vom Molekulargewicht 10000 ein, so finden wir nur noch einen sehr kleinen Anteil hochmolekulares Dextran.

Bei Einsatz eines Dextrans mit einem Molekulargewicht um 20000 schließlich finden wir überhaupt kein hochmolekulares Dextran mehr.

Dabei ist das Molekulargewicht des entstandenen Dextrans um so niedriger, je höher wir die Konzentration des Akzeptordextrans wählen.

Aus diesen experimentellen Befunden können wir folgendes ableiten:

a) Die Akzeptorwirkung ist proportional dem Molekulargewicht des Akzeptors.

b) Die Akzeptorwirkung ist proportional der Konzentration des Akzeptors.

c) Es entstehen zwei verschiedene Reaktionsprodukte, ein hochmolekulares und ein niedermolekulares, wenn Akzeptoren unter einem bestimmten Molekulargewicht verwendet werden.

d) Es entsteht nur ein Reaktionsprodukt von niederem Molekulargewicht, wenn Akzeptoren oberhalb eines bestimmten Molekulargewichtes verwendet werden.

e) Dieses „kritische" Molekulargewicht liegt zwischen 10 und 20000.

Nun erhebt sich die Frage, wie diese Effekte zur Lenkung der Polymerisation auf Produkte bestimmten Molekulargewichtes ausgenutzt werden können. Diese Frage hat insofern große praktische Bedeutung, als Dextrane in Molekularbereichen von 60—90000 als Blutplasma-Expander in der Medizin verwendet werden.

Wenn wir postulieren, daß die Akzeptoren im statistischen Mittel die zur Verfügung gestellten Glucosylreste aus der Saccharose gleichförmig anlagern, so muß das Molekulargewicht des synthetisierten Dextrans nur von dem Molekulargewicht des Akzeptors, seiner Konzentration und der Konzentration der reaktionsfähigen Glucosylreste der Saccharose abhängen.

Verwendet man Akzeptoren, deren Wirksamkeit groß genug ist, um die Bildung sehr hochmolekularen Dextrans auszuschließen, gelingt es, gemäß

$$MG_{\text{syn}\,Dx} = \frac{MG_A \cdot c_{Gl}}{c_A} + MG_A = MG_A\left(\frac{c_{Gl}}{c_A} + 1\right) \quad (8)$$

aus dem Molekulargewicht des eingesetzten Akzeptors (MG_A), seiner Konzentration (c_A) und der Konzentration der reaktionsfähigen Glucosylreste (c_{Gl}) das Molekulargewicht des Syntheseproduktes ($MG_{\text{syn}\,Dx}$) vorauszubestimmen bzw. die Einsatzstoffe entsprechend dem gewünschten Molekulargewicht zu variieren.

Natürlich wird diese Voraussetzung der gleichförmigen Anlagerung nur in gewissen Konzentrationsbereichen erfüllt. Tatsächlich gilt diese Beziehung nur in Bereichen des Akzeptormolekulargewichts von 15—50000, Akzeptorkonzentrationen bis zu 5% und Saccharosekonzentrationen bis zu 30%.

Während die Überschreitung der Bereiche für den Akzeptor einfach zum Versagen der exakten Voraussage führt, ändert die Überschreitung der Saccharosegrenze zunehmend die Verteilung der resultierenden Molekulargewichte. Es entstehen ein Anteil eines hochmolekularen und ein Anteil eines niedermolekularen Dextrans (bimodale Verteilung). Diese Erscheinung erklärt sich aus der mit steigender Konzentration zunehmenden Akzeptorwirkung der Saccharose.

Man beobachtet sie auch bei Synthesen in hochprozentigen Saccharoselösungen, wenn kein Akzeptor zugesetzt wurde. Dabei entstehen ebenfalls bimodale Dextrane, nur liegen die Fraktionen weiter auseinander (Abb. 12).

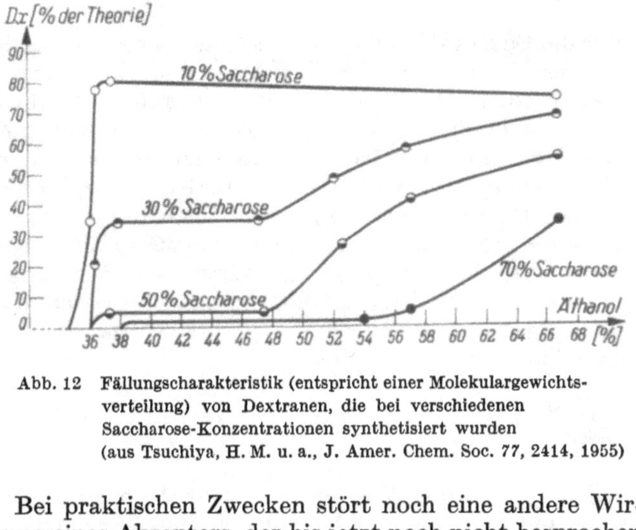

Abb. 12 **Fällungscharakteristik (entspricht einer Molekulargewichtsverteilung) von Dextranen, die bei verschiedenen Saccharose-Konzentrationen synthetisiert wurden (aus Tsuchiya, H. M. u. a., J. Amer. Chem. Soc. *77*, 2414, 1955)**

Bei praktischen Zwecken stört noch eine andere Wirkung eines Akzeptors, der bis jetzt noch nicht besprochen wurde, die Fructose.

Fructose entsteht bei der Dextranpolymerisation in gleichen Mengen wie das Dextran. Ihre Akzeptorwirkung ist hoch (1. Gruppe). Ihre Reaktion mit dem Glucosylrest führt zur Leucrose, einem spezifisch in Dextranfermentationen vorkommenden Disaccharid folgender Struktur:

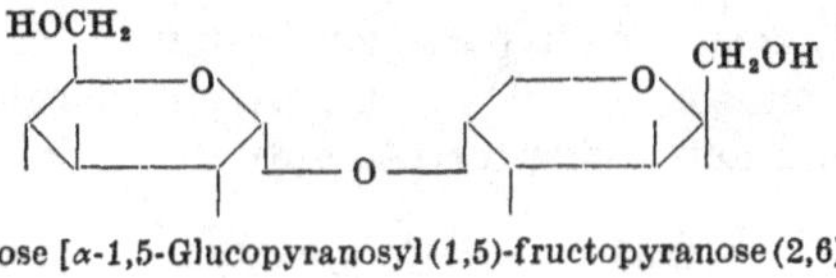

Leucrose [α-1,5-Glucopyranosyl(1,5)-fructopyranose(2,6)]

Diese besitzt eine sehr geringe Akzeptorwirkung – etwa in der Größenordnung der Saccharose – weshalb die Synthese auf dieser Stufe stehenbleibt und größere Mengen dieses Zuckers in der Reaktionslösung auftreten können.

7.2. Substrat

Für die Dextranbildung kann als Donator der Glucosylreste nur Saccharose oder Raffinose vom Enzym verwertet werden. Die Reaktion ist also außerordentlich substratspezifisch. Der Versuch, das bis auf die Konfiguration der Aldose mit der Saccharose übereinstimmende α-1,2-Galaktopyranosyl(1,5)-β-fructofuranosid(2,5) für die Dextranpolymerisation einzusetzen, blieb ohne Erfolg. Hingegen wurde beim Erhitzen des Enzyms auf 35 °C ein Verlust der Substratspezifität festgestellt. Auf diese Weise behandeltes Enzym konnte Maltose – zwar nur mit geringer Geschwindigkeit – statt Saccharose als Glucosyldonator verwerten.

7.3. Enzym

Ein enzymatischer Vorgang läuft nur dann ab, wenn Enzym und Substrat eine Komplexbindung eingehen

$$E + S \rightarrow [ES].$$

Diese Reaktion erklärt aber noch nicht, in welcher Weise bei der Dextranbildung die Reaktion des Substrat-Enzym-Komplexes mit dem Akzeptor stattfindet. Es war deshalb ein bedeutender Fortschritt bei der Aufklärung des Reaktionsmechanismus, als man postulierte, daß das Enzym (E) zwei reaktive Stellen besitzt (a und d), deren eine den Donator (D), das Substrat, die Saccharose, und deren andere den Akzeptor (A) aufnehmen kann:

$$E_d^a + D + A \rightarrow E_{d\,D}^{a\,A}.$$

Außerdem fand man, daß das Enzym mindestens zwei reaktive Gruppen enthält, von denen eine eine Carboxyl- und die andere eine Imidazol-Struktur aufweist.

Die Frage, ob das Enzym ein einheitliches ist oder ob zwei oder mehrere Enzyme vorliegen, muß im Hinblick auf die auftretenden Verzweigungen zugunsten des Vorliegens mehrerer Enzyme entschieden werden. Durch Hitzeinaktivierung konnte wohl die Bildung von Ketten, nicht aber die von Verzweigungen unterbrochen werden. Dieser Befund reicht aus, um mindestens zwei Enzyme anzunehmen.

7.4. Mechanismus

Durch die Sicherstellung des Kettenstart-Reaktionsschrittes haben wir bewiesen, daß die Dextranbildung eine Kettenpolymerisation ist. Wir müssen uns weiter fragen, ob ein Einzelketten- oder ein Vielkettenmechanismus vorliegt. Mit anderen Worten: Beginnt das Enzym den Aufbau einer neuen Kette erst dann, wenn es den Aufbau der vorhergehenden vollendet hat oder vollzieht es den Aufbau in vielen (diskontinuierlichen) Einzelschritten.

Einer der wichtigsten Befunde, die für einen Einzelkettenmechanismus sprechen, ist das Auftreten von höchstmolekularem Dextran bereits zu Beginn der Reaktion, wie es Tab. 5 zeigt.

Andererseits finden wir, werden Akzeptoren geeigneten Molekulargewichtes zugesetzt, eine gleichförmige Anlagerung der Glucosylreste an die Akzeptoren, was nur mit einem Vielkettenmechanismus erklärt werden kann.

Tatsächlich scheinen beide Prozesse nebeneinander herzugehen, wobei das Auftreten bzw. Überwiegen des einen oder des anderen durch die Art und Konzentration der Akzeptoren und die Konzentration des Substrates, der Saccharose, bestimmt wird.

Tab. 5 Enzymatische Dextranpolymerisation
(aus Bovey, F. A., J. of Polym. Sci. *35*, 180, 1959)

Reaktionszeit min	Umsetzung %	MG_w $\times 10^{-6}$
5	1,0	(81)
35	6,1	97
60	12,0	146
160	29,0	146
300	51,2	146
360	60,0	154
660	92,3	154
780	100,0	125

Bedingungen: 0,020 m Saccharose
1,9 Enzymeinheiten/m*l*
25 °C

Bei Abwesenheit von Akzeptoren und bei mittleren Saccharosekonzentrationen (<20%) werden wir einen Einzelkettenmechanismus als Hauptvorgang finden, was einem sehr hohen Molekulargewicht des Produktes entspricht. Bei Anwesenheit von Akzeptordextran mit einem Molekulargewicht von über 20000 und mittleren Saccharosekonzentrationen wird ein Vielkettenmechanismus als Hauptvorgang vorliegen. Zwischen diesen Extremen werden wir, je nach Einsatz der Akzeptoren und der Saccharose, Übergänge zwischen beiden Vorgängen finden, was in der Verteilung der Molekulargewichte des Endproduktes seinen Ausdruck finden muß.

Der Einzelkettenmechanismus muß ein sehr schneller Vorgang sein, da das Enzym während der Polymerisation mit dem wachsenden Polymeren verbunden bleibt. Der Vielkettenmechanismus ist ein langsamer Prozeß, bei dem das Molekulargewicht des entstehenden Produktes langsam ansteigt.

Die Kettenabbruchreaktion für den Einzelkettenmechanismus besteht in der Abdissoziation des Enzyms vom entstandenen Polymeren. Die Ursache dafür ist bis heute noch nicht geklärt. Die Beendigung der Vielkettenreaktion beruht auf dem Mangel an Substrat. Die möglichen Reaktionen sind in folgendem Schema dargestellt (G = Glucose; F = Fructose; GF = Saccharose):

$$
\begin{array}{ccccc}
\left[\mathrm{E}_{\mathrm{d}\,\mathrm{GF}}^{\mathrm{a}\,\mathrm{FG}}\right]_{\mathrm{inakt.}} & & & & \\
K_2''' \uparrow\downarrow K_{-2}''' & & & & \\
+\,\mathrm{GF} & & & & \\
\mathrm{E}_{\mathrm{d}}^{\mathrm{a}} + \mathrm{GF} \underset{K_{-1}}{\overset{K_1}{\rightleftarrows}} & \mathrm{E}_{\mathrm{d}\,\mathrm{GF}}^{\mathrm{a}} + \mathrm{GF} \underset{K_{-2}'}{\overset{K_2'}{\rightleftarrows}} & \mathrm{E}_{\mathrm{d}\,\mathrm{GF}}^{\mathrm{a}\,\mathrm{GF}} \xrightarrow{K_3'} & \mathrm{E}_{\mathrm{d}}^{\mathrm{a}\,\mathrm{GGF}} + \mathrm{F} \\
+\,\mathrm{A} & & & +\,\mathrm{n\,GF} \\
K_2'' \downarrow\uparrow K_{-2}'' & & & \downarrow K_4 \\
\mathrm{E}_{\mathrm{d}\,\mathrm{GF}}^{\mathrm{a}\,\mathrm{A}} & & & \mathrm{E}_{\mathrm{d}}^{\mathrm{a}\,\mathrm{G}_{(n+2)}\mathrm{F}} + \mathrm{n\,F} \\
\downarrow K_3'' & & & \downarrow K_5 \\
\mathrm{E}_{\mathrm{d}}^{\mathrm{a}} + \mathrm{GA} + \mathrm{F} & & & \mathrm{E}_{\mathrm{d}}^{\mathrm{a}} + \mathrm{G}_{(n+2)}\mathrm{F}
\end{array}
$$

K_1 stellt dabei die Bildung des Substrat-Enzym-Komplexes dar, K_2 die Anlagerung an die für den Akzeptor offene Stelle. Dieser Schritt kann je nach dem Angebot von Akzeptor und Substrat in drei Modifikationen erfolgen. Bei Anwesenheit eines großen Überschusses an Substrat erfolgt Inhibierung (K_2'''), bei Anwesenheit ausreichender Mengen Akzeptor erfolgt dessen Anlagerung (K_2''), bei Abwesenheit von Akzeptor und mittleren Saccharosekonzentrationen erfolgt Anlagerung der Saccharose als Akzeptor (K_2'). K_3 beinhaltet den ersten Polymerisationsschritt, der im Falle der Anwesenheit von Akzeptoren (K_3'') keine wesentliche Veränderung der Affinität des neuen Akzeptors GA gegenüber dem Akzeptor A hervorruft (außer bei speziellen Akzeptoren, wie Fructose und den Monosacchariden, wie Glucose und α-Methylglucosid) und den ersten Schritt des Vielkettenmechanismus darstellt. Im Falle der Abwesenheit von Akzeptoren (K_3') jedoch steigt die Affinität des Reaktionsproduktes und leitet damit den Einzelkettenmechanismus ein (K_4). Dieser ist irreversibel wie K_3' und K_3'' wegen der Umwandlung der Fructofuranose in Fructopyranose bei der Freisetzung der Fructose.

K_5 schließlich bildet den Kettenabbruch.

Der Mechanismus der Polysaccharidsynthese durch Transglykosylierung findet dadurch eine entsprechend dem derzeitigen Stand des Wissens befriedigende Deutung. Infolgedessen ist der Bearbeitung von Analogiefällen, wie sie etwa im Lävan und sicher noch anderen Polysacchariden zu finden sind, eine theoretische Grundlage gegeben.

8. Die Veränderung des Molekulargewichtes

Die Veränderung des Molekulargewichtes der Polysaccharide kann auf zwei verschiedenen Wegen erfolgen:

1. durch Eingriffe in den Synthesemechanismus die Bildung bestimmter Molekulargewichte zu fördern
2. durch partiellen Abbau des bereits gebildeten Polysaccharids bestimmte Molekulargewichte zu erzeugen.

Prozesse der ersten Art beruhen auf der Anwendung von Akzeptoren, die dem Syntheseverlauf eine bestimmte Richtung geben. Man bezeichnet sie in der Technik als „gelenkte Synthesen" (controlled molecular-weight syntheses).

Prozesse der zweiten Art beruhen auf der hydrolytischen Spaltung der labilen glykosidischen Bindung. Sie ist auf verschiedene Weise möglich. So können die katalytische Wirkung von Protonen oder Hydroxylionen, die Tätigkeit spezifischer Enzyme und starke Molekularbewegungen die Spaltung bewirken.

8.1. *Gelenkte Synthese*

In dem Kapitel über die Theorie der enzymatischen Polymerisation haben wir schon am Beispiel des Dextrans über die Akzeptorwirkung einfacher Zucker und niederer Dextrane gesprochen und auch beschrieben, in welcher Weise das Molekulargewicht des synthetisierten Dextrans verändert wird. Ähnliches gilt für alle Polysaccharide, die nach dem gleichen Transglykosylierungsmechanismus gebildet werden.

Bei den anderen Bildungstypen hat man bis jetzt noch nicht versucht, das Molekulargewicht bei der Synthese zu beeinflussen, so daß wir uns bei der weiteren Besprechung auf den Transglucosylierungstyp und dabei im speziellen auf das Dextran beschränken müssen.

Die künstliche Veränderung des Molekulargewichtes ist immer, wenn nicht wissenschaftliche Interessen vorliegen, mit dem Ziel verbunden, bestimmte Molekulargewichte ausschließlich zu erhalten. Deshalb wird man nur bestimmte Akzeptoren in Verbindung mit bestimmten Substratkonzentrationen verwenden, um die Bildung bimodaler Verteilungen des synthetisierten Dextrans zu vermeiden.

Oft sind geringfügige Konzentrationen an Akzeptoren die Ursache beträchtlicher Störungen. Bei der technischen Synthese von Dextran bestimmten Molekulargewichtes, die entweder in Gegenwart der enzymerzeugenden Mikroorganismen oder durch vorherige Abtrennung dieser in einer Enzymlösung erfolgt, stören bereits die durch die Impfkultur bzw. durch die ungereinigte Enzymlösung eingebrachten Dextrane. Diese lagern gegenüber den künstlich eingebrachten Akzeptoren bevorzugt Glucosylreste an und vermindern so die Ausbeute an Dextran vorbestimmten Molekulargewichts. Man benutzt aus diesem Grunde heute saccharosefreie Impflösungen, in denen kein Dextran gebildet wird, damit die gelenkte Synthese keinen Störungen unterliegt. Die Reinigung von

Enzymlösungen für diese Zwecke wird, weil technisch zu aufwendig, nicht betrieben.

Die Veränderung des Molekulargewichtes bei der Dextransynthese richtet sich nach den Anforderungen des Verbrauchers. Wir unterscheiden heute, entsprechend ihren Eigenschaften und Anwendungen, im allgemeinen vier signifikante Molekulargewichtsbereiche:

10000– 30000	für pharmazeutische Derivate und Akzeptoren für die Lenkung in höhere Molekulargewichtsbereiche
60000– 200000	für klinische Zwecke als Blutplasma-Expander
200000–1000000	als Schutzkolloide
extrem hohe Molekulargewichte (10^7–10^8)	als Verdicker und Träger kolloider Eigenschaften, für technische und kosmetische Präparate.

Die technische Gewinnung von Dextranen solcher Molekularbereiche durch Lenkung der Synthese mit Akzeptoren läßt sich nur dann wirtschaftlich durchführen, wenn das Verhältnis zwischen angelagertem, aus Saccharose neu gebildetem Dextran und Akzeptor groß ist. Sonst würde einem großen Aufwand an Akzeptor, der ja ebenfalls hergestellt werden muß, nur eine geringe Syntheseleistung gegenüberstehen. Das bedingt aber, daß das Molekulargewicht des Akzeptors wesentlich niedriger sein muß als das des gewünschten Produktes und daß das Verhältnis von Saccharose- zu Akzeptorkonzentration so groß wie möglich sein muß.

Aus diesen Gründen ist die Herstellung von Dextran des niedrigsten Molekularbereichs (10–30000) durch gelenkte Synthese am kompliziertesten und heute noch keineswegs gesichert. Die verwendeten Akzeptoren müssen zwangsläufig in Molekularbereichen liegen, die die Akzeptorwirkung der Saccharose zulassen, wodurch meist bimodale Dextrane entstehen. Zwei Methoden erscheinen aussichtsreich, die beide die konkurrierende Wirkung von zwei Akzeptoren zur Minderung der Bimodalität des Syntheseproduktes benutzen.

Die erste Methode arbeitet mit hohen Saccharosekonzentrationen (bis zu 60%), wobei die Akzeptorwirkung der Saccharose durch Zusatz von Glucose (4%) abgeschwächt wird. Es entsteht ein Produkt mit einem sehr hohen Anteil niedriger Molekulargewichte neben einem geringen Anteil hoher Molekulargewichte. Nachteilig ist hierbei die hohe Konzentration an Saccharose, die einmal schlecht ausgenutzt, zum anderen aber oft Schädigungen der Organismen bewirkt. Die andere Methode arbeitet bei niedrigeren Saccharosekonzentrationen und verwendet die konkurrierende Akzeptorwirkung niedermolekularen Dextrans und Glucose. Durch günstige Wahl der beiden Akzeptorkonzentrationen werden Verhältnisse geschaffen, die nur eine unwesentliche Beteiligung des niedermolekularen Dextrans an der Synthese neben einer starken Beteiligung der Glucose bewirken. Niedermolekulares Dextran entsteht in guter Ausbeute. Jedoch werden beide Methoden technisch noch nicht angewendet.

Die Synthese von Dextranen des zweiten Molekularbereichs (60—200000) erfolgt heute bereits in technischem Maßstab, indem die Synthese durch Zusatz von Akzeptoren im Molekularbereich 20—30000 gelenkt wird. Im Kapitel über die Theorie der enzymatischen Polymerisation erfuhren wir bereits, daß in diesen Bereichen die Lenkung des Molekulargewichts exakt vorausgesagt werden kann. Die Ursache dafür liegt in der Möglichkeit, Akzeptoren mit großer Wirkung verwenden zu können, die die konkurrierende Akzeptorwirkung der Saccharose vollständig eliminieren, wodurch ausschließlich ein Vielkettenmechanismus die Glucosyle gleichmäßig an die Akzeptoren anlagert.

Die Synthese von Dextranen des dritten Molekularbereiches (200—1000000) ist in noch befriedigender Weise durch Anwendung sehr geringer Konzentrationen von Akzeptordextran (0,1–0,001%) möglich. Hier bemerkt man aber eine Verbreiterung der Molekularverteilung des Dextrans nach niederen Molekularbereichen. Die Synthese solcher Produkte erfolgt in der beschriebenen Weise bereits im (versuchs-)technischen Maßstab.

Die Synthese von Dextranen des höchsten Molekularbereiches erfolgt durch sorgfältiges Freihalten der Impf- und Syntheselösungen von jedem Akzeptor und Einhalten nicht zu hoher (maximal 15%) Saccharosekonzentrationen. Dadurch wird ein Einzelkettenmechanismus gefördert, der die Bildung extrem hochmolekularer Dextrane bewirkt. Die Eigenschaften der so synthetisierten Dextrane lassen sich mit den üblichen Methoden der Bestimmung von Molekulargewicht und -verteilung nicht mehr erfassen. Die „sichtbaren“ Eigenschaften, Fließverhalten, Zähigkeit und Konsistenz, sind außerdem sehr stark von dem zur Synthese verwendeten Stamm (Enzymsystem) abhängig.

Der Vollständigkeit halber sei noch erwähnt, daß es durch systematische Auswahl von Stämmen gelang, einen Streptococcus-Stamm zu isolieren, der ein besonderes Enzymsystem besitzt. Dieses vermag in Lösungen, deren Zusammensetzung gewöhnlich die Bildung von hochmolekularem Dextran bewirkt, ausschließlich Dextrane im Molekularbereich unter 100000 zu erzeugen.

8.2. Hydrolyse mit chemischen Agenzien

Die Hydrolyse der Polysaccharide erfolgt unter Aufspaltung der glykosidischen Bindung und Anlagerung eines Moleküls Wasser. Das Polysaccharid zerfällt also in seine Bausteine.

Der vollständige Zerfall eines Polysaccharids in seine Bausteine heißt Totalhydrolyse. Wird dieser Prozeß des Zerfalls, der gewöhnlich in endlichen Zeiträumen abläuft, unterbrochen, so entstehen größere Bruchstücke des ursprünglichen Polysaccharidmoleküls, die sich von ihm

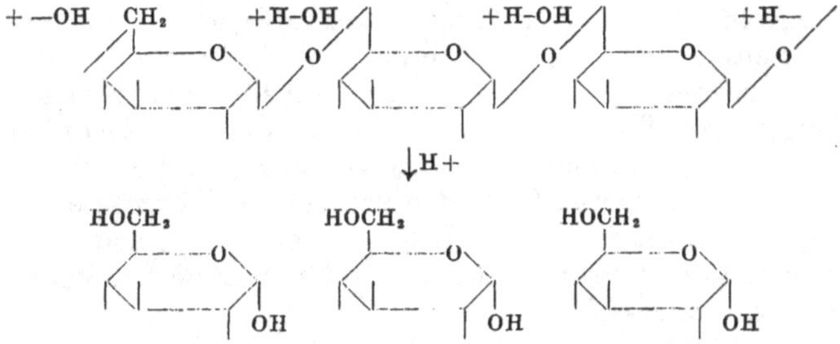

nur durch die unterschiedliche Kettenlänge unterscheiden, also noch die Eigenschaften eines Polysaccharids besitzen. Diesen Vorgang nennt man partielle Hydrolyse. Sie ist für die Veränderung des Molekulargewichts der Polysaccharide von großer Bedeutung.

Die Geschwindigkeit der Hydrolyse hängt von den Bedingungen in der Lösung und von der Art der Bindungen in dem betrachteten Polysaccharid ab. Diese unterschiedlichen Bindungen können bei sonst gleichen physikalischen und chemischen Bedingungen in der Lösung zu sehr verschiedenen Zerfallsgeschwindigkeiten der Polysaccharide führen. So findet man bei der Hydrolyse von Dextran und Lävan in Gegenwart von geringen Konzentrationen Mineralsäure einen über mehrere Stunden andauernden langsamen Abbau des Dextrans und einen vollständigen des Lävans innerhalb weniger Minuten.

Treten unterschiedliche Bindungen innerhalb eines Polymeren auf, wie etwa im verzweigten Dextran oder im Amylopektin, so kann bevorzugt eine Bindungsart gespalten werden. Beim Amylopektin ist das bei der Bildung der sog. SCHARDINGER-Dextrine zu beobachten, die sehr viele der gegenüber der α-1,4-Hauptbindungsart stabileren α-1,6-Verzweigungsbindungen enthalten. Diese zerfallen erst bei Anwendung schärferer Hydrolysebedingungen in die Bausteine.

Die glykosidischen Bindungen an den Enden einer Polymerkette sind energiereicher als die im Inneren. Sie werden deshalb bevorzugt gespalten.

Allerdings beginnen diese Besonderheiten — die bevorzugte Abspaltung energiereicherer Verzweigungs- und Kettenendenbindungen — erst unterhalb einer gewissen Länge des Polymeren wirksam zu werden, wenn zu Spannungszuständen führende Bewegungen weniger in Erscheinung treten. So finden wir bei der Hydrolyse des Dextrans unter milden Bedingungen erst nach dem Abbau auf Molekulargewichte unter 100000 merkliche Mengen Glucose.

Die physikalischen und chemischen Bedingungen in der Lösung beeinflussen die Geschwindigkeit der Hydrolyse sehr stark. Die hauptsächlichen Faktoren dabei sind die Temperatur und die Konzentration der die Hydrolyse katalysierenden H^+- oder OH^--Ionen. Für Totalhydrolysen bevorzugt man im allgemeinen starke Mineralsäuren in hoher Konzentration und Temperaturen um 100°. Dabei kann es jedoch vorkommen, daß die entstehenden Monosaccharide verändert werden. Bei der Hydrolyse des Lävans unter der Einwirkung von Mineralsäuren, die der Lösung einen pH unter 3 geben, entstehen zu einem großen Anteil aus der Fructose ihre Anhydride, vorwiegend das Difructosedianhydrid.

Für partielle Hydrolysen verwendet man, je nach der Spaltbarkeit der Polysaccharide, geringere Konzentrationen von Mineralsäuren (0,1—0,5 n) und Temperaturen um 80°.

Der Versuch, die Ausbeute an bestimmten Spaltprodukten durch Variation der Hydrolysebedingungen zu erhöhen, ist vielfach beschrieben worden. Allen Versuchen ist aber gemeinsam durch Milderung der Bedingungen die Spaltungsgeschwindigkeit herabzusetzen. So wurden Hydrolysen bei Temperaturen um 40°, mit schwach sauren Substanzen, wie H_2O_2, KH_2PO_4, CO_2 usw., und mit Basen beschrieben. Jedoch haben alle diese Versuche, wie auch die einer Unterbrechung der Hydrolyse vor dem Erreichen des gewünschten Spaltungsgrades und Fortsetzung unter anderen Bedingungen, der Zusatz von dextranfällenden organischen Lösungsmitteln, das

Ausgehen von bestimmten, durch gelenkte Synthese hergestellten Molekularbereichen, keine signifikanten Verbesserungen der Ausbeute gebracht.

Diese Feststellung wird durch die theoretische Betrachtung des Hydrolysevorganges bestätigt. Wenn wir unter Berücksichtigung der vorhin erläuterten Bedingung für den Eintritt bevorzugter Spaltungen vereinfachend annehmen, daß in einem sehr großen Molekül alle Bindungen mit der gleichen Wahrscheinlichkeit gespalten werden können, so erhalten wir aus einer Wahrscheinlichkeitsbetrachtung einen Ausdruck φ_{max}, der bei einem bestimmten, günstigsten Spaltungsgrad α_{max}[1]), den maximal möglichen Gewichtsanteil eines bestimmten Molekulargewichtes wiedergibt.

Tab. 6 vermittelt einen Überblick über die maximal möglichen Ausbeuten einiger Molekulargewichte im Bereich von 16 bis 160000 und über den günstigsten Spaltungsgrad.

Tab. 6 Theoretische mögliche Ausbeuten einiger Dextrane bestimmten Molekulargewichts bei der Spaltung nativen Dextrans

$MG_{gewünscht}$	α_{max} in %	φ_{max} in %
160000	0,200	0,049
110000	0,286	0,071
75000	0,433	0,116
50000	0,663	0,179
33000	0,990	0,272
16000	1,980	0,550

Wir erkennen aus der Tabelle, daß die Ausbeute an einem bestimmten Molekulargewicht um so günstiger ist, je niedriger dieses liegt.

Wenn wir z. B. ein mittleres Molekulargewicht von 75000 zu erreichen wünschen und einen Molekularbereich

[1]) Der Spaltungsgrad α ist das Verhältnis zwischen gespaltenen Bindungen zu insgesamt vorhandenen. Bei der Spaltung der Polysaccharide läßt er sich einfach aus der Zunahme der reduzierenden Wirkung der Lösung bestimmen.

von 60000—90000 zulassen, so finden wir durch Summation aller Anteile φ für den mittleren Spaltungsgrad $\alpha = 0{,}433$, daß rund 25% des hydrolysierten Polymeren in diesem Bereich erwartet werden können. Wünschen wir ein mittleres Molekulargewicht von 20000 mit Abweichungen $\pm$ 10000, so können wir etwa 60% der Spaltstücke im erlaubten Bereich erwarten.

Die Verteilung der Molekulargewichte ist bei einer solchen Hydrolyse sehr breit. So ist bei einem Spaltungsgrad von 0,433, entsprechend einem maximal möglichen Anteil an einem Molekulargewicht von 75000 die Verteilung über einige ausgewählte Polymerisationsgrade wie folgt:

Molekulargewicht	φ%
180	0,002
1800	0,020
8000	0,075
16000	0,121
32000	0,157
50000	0,152
60000	0,142
75000	0,116
90000	0,093
120000	0,053
160000	0,024
200000	0,010

Je näher wir aber an niedrigere, mittlere Molekulargewichte herankommen und höhere Spaltungsgrade einstellen, um so enger ist die Verteilung der resultierenden Spaltstücke. Freilich überlagern sich insbesondere bei den hohen Spaltungsgraden die bevorzugten Spaltungen den rein zufälligen.

Teilhydrolysen zu technisch wichtigen Produkten sind bis jetzt nur am Dextran durchgeführt worden. Die Erzeugung, insbesondere der niedrigen (10—30000) und mittleren (60—200000) Molekulargewichte wird heute fast ausschließlich auf hydrolytischem Wege (vorzugsweise durch Säurekatalyse mit Mineralsäuren) vorgenommen. Dabei sind die Endpunkte der Hydrolyse, die meist viskosimetrisch bestimmt werden, für die Erzeugung der niedrigsten Molekularbereiche besonders leicht einzuhalten. Die reproduzierbare Beendigung der Spaltung zur Erzeugung des mittleren Bereiches (60—200000) ist bereits mit Schwierigkeiten behaftet, während die zur Gewinnung noch höherer Molekularbereiche (200 bis 1000000) nahezu aussichtslos ist (Abb. 13).

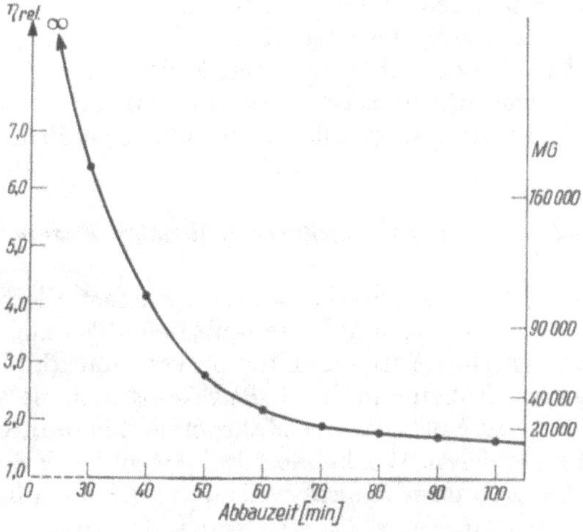

Abb. 13. Abnahme der Viskosität einer 5%igen Nativ-Dextranlösung bei der Hydrolyse mit n/10 HCl bei 85°

8.3. Hydrolyse mit physikalischen Mitteln

Infolge der unbefriedigenden Ausbeuten bei der Säurehydrolyse des Dextrans zur Gewinnung des Molekularbereiches von 60—200000 wurden zahlreiche Versuche unternommen, diese durch Einsatz der unterschiedlichsten Mittel zu verbessern. Es wurden elektromagnetische

Felder, Ultraschallfelder, γ-Strahlen, hohe Temperaturen in nichtwäßrigen Lösungsmitteln, Dampf-Druck-Behandlungen, Schwingmahlungen im festen Aggregatzustand angewandt, die alle wohl Dextran zu spalten vermochten, aber bis auf die Behandlung mit Ultraschall keine bedeutenden Vorteile gegenüber der Säurehydrolyse erbrachten. Bei der Ultraschallbehandlung wurden einheitlichere Molekulargewichtsverteilungen, insbesondere bei niedrigen mittleren Molekulargewichten, festgestellt. Die Ursache dafür liegt wahrscheinlich darin, daß mit dem Kleinerwerden des Moleküls seine unterschiedliche Bewegung verringert wird, so daß sich die Spaltungsgeschwindigkeit gegenüber größeren Molekülen verringert. Die Versuche, diesen Effekt technisch zu nutzen, haben jedoch zu keiner industriellen Anwendung geführt.

8.4. Hydrolyse mit polysaccharid-spaltenden Enzymen

Natürliche Polysaccharide werden, wie fast alle Naturstoffe, von bestimmten Mikroorganismen abgebaut. Diese scheiden, wie ihre Antipoden, die polysaccharidbildenden Organismen, Enzyme in die Kulturlösung aus, die analog einer Säure die Spaltung der Makromoleküle in ihre Bausteine katalysieren. Wir kennen drei Arten von Enzymen, die wir je nach ihrer Angriffsweise unterscheiden in

Enzyme, die alle Bindungen im Molekül spalten,

Enzyme, die vorwiegend Bindungen in der Kette spalten (limit- oder Endo-asen),

Enzyme, die vorwiegend Bindungen am Ende der Kette spalten (Exo-asen).

Manchmal kommen diese Spaltungsenzyme mit den Bildungsenzymen vergesellschaftet vor. So finden wir bei einigen Lävanbildnern sowohl einen Aufbau als auch einen Abbau der Makromoleküle.

Am besten untersucht sind die Spaltungsenzyme des Dextrans, die Dextranasen, da ihr Einsatz technisches

Interesse fand. Dextranasen werden von verschiedenen Organismen gebildet. Wir finden sie in den verschiedensten Organen des Menschen und der Säugetiere. Neben diesen Vorkommen interessieren aber besonders die in Mikroorganismen, da sie sich technisch ausnutzen lassen. Sie werden von Pilzen, wie

Penicillium funiculosum
Penicillium lilacinum
Verticillium coccorum
Aspergillus niger
Aspergillus wentii

und Bakterien, wie

Bacteroides (im Darmtrakt des Menschen)
Cellvibrio fulva
Lactobacillus bifidus (im Schafmagen)

gebildet.

Auf ihre technische Eignung, insbesondere der Endodextranasen, wurden große Hoffnungen gesetzt. Jedoch hat man überwiegend gefunden, daß der Abbau der Dextrane durch sie ebenfalls zufällig erfolgt. So haben sich aus ihrer Wirkung bis jetzt keine technischen Anwendungen ergeben.

9. Die Veränderung der Molekulargewichtsverteilung der Polysaccharide

Polysaccharide sind im allgemeinen polymolekulare Substanzen, d. h. die einzelnen Moleküle besitzen unterschiedliche Polymerisationsgrade. Die mengenmäßige Aufteilung einer polymolekularen Substanz in die einzelnen Polymerisationsgrade (Molekulargewichte) ergibt die Molekulargewichtsverteilung. Die Veränderung der Molekulargewichtsverteilung geschieht durch Fraktionieren des polymolekularen Gemisches mit dem Ziel, bestimmte

Molekulargewichtsbereiche zu isolieren. Dieses Problem ist von technischem Interesse. Es besteht überall dort, wo besonders hohe Anforderungen an das Produkt im Hinblick auf den Molekulargewichtsbereich gestellt werden (z. B. klinisches Dextran, Akzeptoren für gelenkte Synthesen) oder wo neben der Gewinnung eines bestimmten Produktes unvermeidlich ein Produkt anderen Molekulargewichtsbereichs mit anfällt (z. B. bimodal verteiltes Dextran).

Um das Wesen der Fraktionierung zu verstehen, müssen wir uns mit der Löslichkeit der Hochpolymeren befassen.

Wir wissen von der Löslichkeit der niedrigmolekularen Substanzen, beispielsweise der Saccharose, daß sie durch das Gleichgewicht zwischen dem einheitlichen, kristallinen Bodenkörper und der flüssigen Lösung charakterisiert ist. Gerade dieses Gleichgewicht spielt für die Charakterisierung der Löslichkeit der Hochpolymeren keine Rolle, weil diese ganz oder teilweise amorph sind. Die Gleichgewichtsphasen enthalten daher beide sowohl Polymeres als auch Lösungsmittel, nur in verschiedenen Anteilen. Das Problem der Löslichkeit der Hochpolymeren ist daher vielmehr mit der Entmischung flüssiger Phasen zu vergleichen.

Hochpolymere Stoffe sind in den meisten Fällen in einem Lösungsmittel entweder beliebig löslich oder unlöslich. Dabei findet man bei der Veränderung der Temperatur oft oberhalb einer für das Polymere und das Lösungsmittel charakteristischen Temperatur völlige Löslichkeit, unterhalb dieser Temperatur Unlöslichkeit. Man bezeichnet diese Temperatur als kritische. Sie kann mit der kritischen Temperatur beim Auftreten von Mischungslücken in binären flüssigen Phasen verglichen werden. Das gleiche Verhalten der Hochpolymeren beobachtet man, wenn man zu der Lösung des Hochpolymeren bei konstanter Temperatur einen Nichtlöser (Fällungsmittel) gibt. Ab einer bestimmten Konzentration, der kritischen Konzentration des Fällungsmittels, erfolgt also

Entmischung bzw. Fällung des Hochpolymeren. Die untere Phase, die viel Polymeres und wenig Lösungsmittel bzw. Lösungsmittel-Fällungsmittel-Gemisch enthält, heißt ihres Aussehens wegen Gelphase, die obere Phase, die wenig Polymeres und viel Lösungsmittel bzw. Gemisch enthält, Solphase. Die Gelphase charakterisiert man als Lösungsmittel-in-Polymer-Lösung und die Solphase als Polymer-in-Lösungsmittel-Lösung.

Wir stellen also fest, daß die Löslichkeit eines Polymeren in einem bestimmten Lösungsmittel eine Funktion der Temperatur ist. Liegt ein Lösungsmittel-Fällungsmittel-Gemisch vor, ist die Löslichkeit eines Polymeren eine Funktion der Temperatur und der Konzentration des Fällungsmittels. Das gilt aber nur für molekulareinheitliche Polymere, d. h. Polymere mit gleichem Polymerisationsgrad.

Befindet sich in der Lösung ein Polymeres mit zwei verschiedenen Polymerisationsgraden, so finden wir zwei kritische Temperaturen bzw. zwei kritische Fällungsmittelkonzentrationen für das betrachtete Gemisch. Dabei finden wir, daß der Polymeranteil mit dem höheren Polymerisationsgrad leichter aus der Lösung verdrängt werden kann. Ihm kommt daher die höhere kritische Temperatur und die niedrigere kritische Fällungsmittelkonzentration zu. Wir müssen also noch vermerken, daß die Löslichkeit eines Polymeren eine Funktion seines Polymerisationsgrades ist, wobei die Löslichkeit mit steigendem Polymerisationsgrad geringer wird. Diese Erscheinungen bilden die Grundlage der Fraktionierung der Hochpolymeren, also auch der Polysaccharide.

Für die Fraktionierung der Polysaccharide gelten noch einige, durch ihre Polymolekularität hervorgerufene Besonderheiten.

Die Löslichkeitsunterschiede der benachbarten Polymerisationsgrade (beispielsweise 1000 und 1001) sind so gering, daß sie selbst mit den feinsten Methoden nicht erfaßt werden können. Eine Fraktion ist daher nicht mit dem Massenanteil eines bestimmten Polymerisationsgrades gleichzusetzen, sondern sie enthält viele Polymerisationsgrade. Ihr Unterschied zum Ausgangsgemisch besteht aber darin, daß die Fraktion einen anderen Durchschnittspolymerisationsgrad (Durchschnittsmolekulargewicht) und eine größere Einheitlichkeit besitzt. Die einzelnen Fraktionen überschneiden sich, d. h., eine Reihe bestimmter Polymerisationsgrade würden in der einen Fraktion als niedrigste, in der folgenden als höchste erscheinen (Abb. 14).

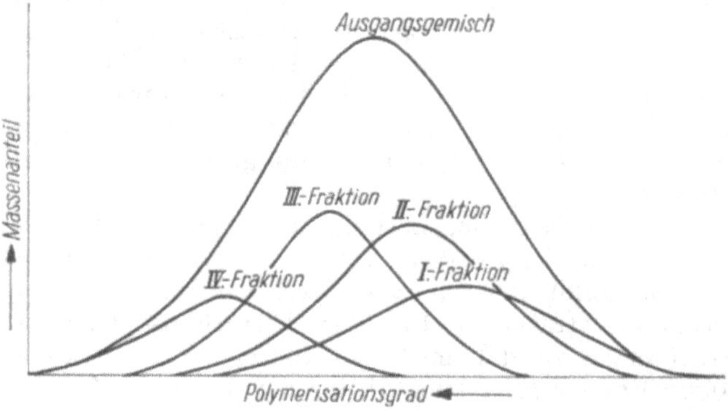

Abb. 14 Fraktionierung eines polymolekularen Stoffes

Je niedriger der Durchschnittspolymerisationsgrad des Gemisches ist, um so schärfer kann die Fraktionierung erfolgen. Bei sehr hohen Polymerisationsgraden sind die Löslichkeitsunterschiede so gering, daß jede Fraktionierung unmöglich wird. Für Dextran ergibt sich beispielsweise ein ungefährer Zusammenhang zwischen Fällungsmittelkonzentration und Durchschnittspolymerisationsgrad bzw. Durchschnitts-Molekulargewicht, wie er der nachfolgenden Tab. 7 zu entnehmen ist.

Aus Tab. 7 ist zu ersehen, daß die Fraktionierung eines Gemisches mit dem Ziel, eine Fraktion zwischen Polymerisationsgraden von $5 \cdot 10^3$ bis 10^4 zu isolieren, praktisch unmöglich ist, während die Gewinnung einer Frak-

Tab. 7 Fällungsverhalten des Dextrans

Fällungsmittel-konzentration (Methanol) (T = 20 °C)	Polymerisationsgrad des noch löslichen Dextrans	MG
39%	alle Molekülgrößen löslich	
40%	1500	250000
42%	600	100000
50%	300	50000
60%	200	30000

tion zwischen Polymerisationsgraden von 200 und 300 keine Schwierigkeiten bereitet.

Natürlich wird die Fraktionierwirkung auch von dem verwendeten Lösungsmittel-Fällungsmittel-Gemisch abhängen.

Als Lösungsmittel kommt für die mikrobiologisch erzeugten Polysaccharide meist Wasser in Frage. Als Fällungsmittel dienen niedere Alkohole, wie Methanol, Äthanol, Propanol, Isopropanol und niedere Ketone, wie Aceton, deren gemeinsames Kennzeichen ihre unbegrenzte Mischbarkeit mit Wasser ist. Die beste Fraktionierwirkung wird mit dem Fällungsmittel erreicht, das dem Lösungsmittel am ähnlichsten ist, hier also dem Methanol. Die stärkste Wirkung im Hinblick auf die Fällung, d. h. die Verdrängung des Polymeren aus der Lösung, besitzt das Fällungsmittel, das die wenigste Ähnlichkeit mit dem Wasser aufweist, hier also das Propanol.

Für technische Zwecke muß man daher zwischen Fraktionierwirkung und Fällungsmittelaufwand entscheiden. In der Regel spielt der Preis des Fällungsmittels die entscheidende Rolle. So wendet man in Deutschland nur Methanol an, dessen Preis gegenüber den anderen in Frage kommenden Fällungsmitteln mehrfach geringer ist. In der Sowjetunion, wo Äthanol gegenüber Methanol bzw. den anderen Lösungsmitteln billiger ist, verwendet man ausschließlich diesen Alkohol. Einen ähnlichen Kompromiß muß man im Hinblick auf die Konzentration des eingesetzten Polysaccharids eingehen. Während es für die Fraktionierwirkung am günstigsten ist, Konzentrationen des Polymeren unter einem Prozent zu verwenden, strebt man in der Technik nach dem kleinsten Volumenaufwand. Da sowohl in gelenkten Synthesen als auch bei hydrolytischen Verfahren heute ungefähr 5—8% Polysaccharid in den Ausgangslösungen für die Fraktionierung vorliegen, versucht man bei dieser Konzentration zu arbeiten. Das führt natürlich zu einer starken Minderung der Fraktionierwirkung. Man wiederholt deshalb bei Ausgangslösungen, die sehr ungünstige Molekulargewichtsverteilungen enthalten, die Fraktionierung einoder mehreremale.

Ein solches Fraktionierschema, das zur Erzielung klinischer Molekulargewichtsbereiche angewandt wird, ist in Abb. 15 wiedergegeben.

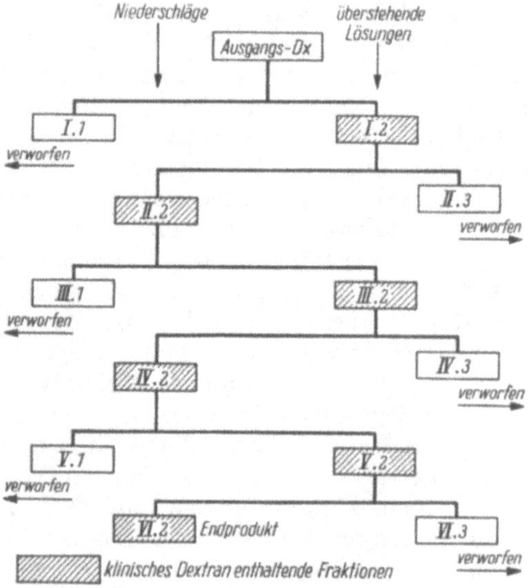

Abb. 15 Fraktionierschema für die Herstellung klinischen Dextrans (aus Wolff, J. A. u. a., Ind. Engng. Chem. *46*, 371, 1954)

Um die Fraktionierwirkung zu verbessern, benutzt man insbesondere bei konzentrierteren Polymerlösungen die Abhängigkeit der Löslichkeit von der Temperatur. Man erhöht dabei die Temperatur nach Ausfällen jeder Fraktion über die kritische. Die jetzt in Lösung befindliche Fraktion wird durch langsames Abkühlen bis unter die kritische Temperatur schärfer gefällt.

Die Fraktionierung bzw. Ausfällung sehr niedermolekularer Polysaccharide, wie Dextrane vom Molekulargewicht um 10000, ist mit einem großen Aufwand an Fällungsmittel verbunden. Man hilft sich oft durch Erhöhung der Hydroxylionenkonzentration in der Lösung, wodurch die kritischen Fällungsmittelkonzentrationen in Richtung niederer Konzentrationen verschoben werden. Dieser Effekt kann für die neutralen Polysaccharide bis jetzt nicht erklärt werden. Bei der Ausfällung von Polyelektrolyten, wie sie z. B. die Polysaccharide von Xanthomonas phaseoli oder das Phosphomannan darstellen, ist die Änderung des pH-Wertes bzw. die Einbringung einer hohen Elektrolytkonzentration oft die einzige Möglichkeit, um sie durch Fällungsmittel aus ihrer Lösung zu verdrängen.

Bei Polysacchariden beobachtet man oft kein vollständig amorphes Verhalten, sondern es treten partiell Kristallbildungen auf. Diese Eigenschaft deutet sich bei der Ausfällung der Polysaccharide an, wenn statt einer hochviskosen Gelphase flockige Niederschläge erscheinen. Dieses Verhalten beeinträchtigt die Fraktionierung und verringert die Lösegeschwindigkeit der ausgefällten Phase.

Bei Dextranen ist dieses Verhalten besonders ausgeprägt. Für ein bestimmtes Dextran wird die Kristallbildung um so größer, je niedriger sein Polymerisationsgrad ist.

10. Die Veränderung der Struktur der Polysaccharide

Von einer gezielten Veränderung der Struktur der Polysaccharide sind wir heute noch sehr weit entfernt. Gesicherte Ergebnisse über die Struktur liegen ohnehin nur vom Dextran vor, so daß auch die Versuche zu ihrer Veränderung nur an diesem Polysaccharid vorgenommen wurden. Obwohl man die Bedeutung der Struktur für die Eigenschaften kennt, ist die Auswahl eines geeigneten Stammes aus der Fülle der von der Natur angebotenen Varietäten das Mittel der Wahl.

Diese (Produktions-)Stämme werden sehr sorgfältig gehalten. Jedoch ist ihre Veränderung im Laufe der Zeit durch keine bekannte Maßnahme aufzuhalten, weshalb nur eine ständige Selektions- und Isolationsarbeit die Produktion annähernd gleichförmigen Dextrans garantiert.

Veränderungen der Struktur werden vielfach beobachtet. Prinzipiell lassen sich, ähnlich wie bei der Veränderung des Molekulargewichts, zwei Methoden anwenden:

Veränderungen durch die Synthese und

Veränderungen durch den Abbau.

Von mehreren Seiten ist die Existenz eines Verzweigungsenzyms neben dem eigentlichen Polymerisationsenzym wahrscheinlich gemacht worden.

So wurde für den Stamm B. arabinosaceous (Birmingham) eine Abhängigkeit der Verzweigung vom Vorhandensein von Mg^{++}-Ionen in der Kulturlösung beobachtet. Während auf normalen Nährböden die Abstände der Verzweigungspunkte zwischen 6 und 7 Glucoseeinheiten liegen, erhöhen sie sich bei Magnesiummangel auf Abstände zwischen 40 und 50 Glucoseeinheiten. Bei der Untersuchung des Stammes L. m. B 512 wurde festgestellt, daß nach dem vollständigen Umsatz der Saccharose eine weitere Steigerung der Viskosität und des Molekulargewichtes stattfand.

Tab. 8 Enzymatische Dextranpolymerisation
(aus Bovey, F. A., J. of Polym. Sci. *35*, 179, 1959)
Bedingungen: 0,001 m Saccharose; 1,9 Enzymeinheiten/ml; 25 °C

Reaktionszeit min	Umsetzung %	MG_w $\times 10^{-6}$
19	6,2	(28)
44	14,2	56
75	23,8	77
150	47,5	125
180	56,3	133
230	69,1	142
320	88,9	164
380	97,5	175
480	100,0	262
570	100,0	318

Bei Inaktivierung (35 °C) des Enzyms stellte man fest, daß zwar eine Polymerisation unterblieb, jedoch die Viskosität weiter anstieg. Diese Befunde stimmen ebenfalls mit der Hypothese vom Vorhandensein eines thermostabileren Verzweigungsenzyms überein. Diese Beobachtungen machen eine enzymatische Verbindung bereits vorgeformter Dextranketten gemäß

$$P_x + P_y \rightarrow P_{x+y}$$

sehr wahrscheinlich, was die Dextranpolymerisation einer Kondensationspolymerisation im chemischen Sinne wieder nähern würde.

Die gelenkte Synthese zu klinischen Molekulargewichtsbereichen führt durchweg zu niedrigeren Verzweigungsgraden als die Synthese hochmolekularen Dextrans mit dem gleichen Stamm. Diese Erscheinung stimmt mit der beobachteten Steigerung des Verzweigungsgrades mit steigendem Molekulargewicht überein. Die Veränderungen der Struktur beim Abbau des Dextrans wurden durch die Bestimmung der Verzweigung im Verlauf der Säurehydrolyse nachgewiesen. Man beobachtete mit fortschreitender Hydrolyse, also mit sinkendem Molekulargewicht, eine Steigerung des Anteils an α-1,6-Bindungen.

Tab. 9 Molekulargewicht (Abbaugrad) und Struktur bei der Hydrolyse von Dextran

Dauer der Hydrolyse t in min	MG des Dextrans	% α-1,6-Bindungen
0	hochmolekular	91,5
30	$145 \cdot 10^3$	91,7
60	$84 \cdot 10^3$	92,2
90	$72 \cdot 10^3$	92,5
120	$56 \cdot 10^3$	92,8
150	$30 \cdot 10^3$	93,7
180	$26 \cdot 10^3$	94,4
210	$23 \cdot 10^3$	97,9
240	$18 \cdot 10^3$	99,1
270	$13 \cdot 10^3$	98,9
300	$12 \cdot 10^3$	99,1

Die Erklärung für diese Erscheinung folgt aus der Stabilität der einzelnen glucosidischen Bindungen. Die α-1,6-Bindung ist die energieärmste, also die stabilste von den Bindungen, die im Dextran vorkommen. Mit dem Fortschreiten der Hydrolyse werden die zufälligen Spaltungen infolge der Brownschen Bewegung von Kettenabschnitten immer geringer zugunsten der Spaltung der energiereicheren Bindungen. (Aus den gleichen Gründen erfolgt bei der Hydrolyse der Stärke eine Anreicherung der — stabileren — α-1,6-Verzweigungsbindungen.)

11. Die Analytik der Polysaccharide

Die Bestimmung der Polysaccharide und ihrer Eigenschaften erfolgt mit chemischen, physikalischen und biologischen Methoden. Einen besonderen Anteil nehmen Bestimmungsmethoden ein, die allgemein zur Charakterisierung makromolekularer Substanzen angewandt werden. Ein anderer Teil gehört zu den chemischen Bestimmungen, wie sie in der Chemie der Kohlenhydrate üblich sind. Schließlich stellt die Aufbereitung der mikrobiell erzeugten Polysaccharide für die Analyse eine wesentliche Maßnahme für die Anwendbarkeit und Genauigkeit einer Analysenmethode dar.

11.1. Aufbereitung der Proben

Mikrobiell erzeugte Polysaccharide liegen in einem Kulturmedium gelöst vor, das größere Konzentrationen an Begleitstoffen enthält. So finden wir in solchen Medien die polysaccharidbildenden Mikroorganismen, höher- und niedermolekulare Eiweißstoffe, niedere Zucker, anorganische Salze und Stoffwechselprodukte der Mikroorganismen, wie organische Säuren und Alkohol. Jede für eine bestimmte Analyse vorgesehene Probe muß deshalb so aufbereitet werden, daß der störende Anteil der Begleitstoffe möglichst vollständig entfernt und das Polysaccharid quantitativ und unverändert isoliert wird. Die gebräuchlichste Methode der Reinigung der Polysaccharide ist ihre Fällung mit Alkohol. Durch mehrmaliges Umfällen aus destilliertem Wasser werden die Fremdstoffe weitgehend abgetrennt. Dabei muß man jedoch immer so viel Alkohol verwenden, wie für die Fällung des gesamten Polymeren, also auch seiner niedermolekularen Anteile, notwendig ist. Die Abtrennung der durch die Alkoholfällung zum großen Teil irreversibel koagulierten Eiweißbestandteile erfolgt durch Filtration der wieder in Wasser gelösten Probe mit adsorbierenden Mitteln, wie etwa Kieselgur oder Asbest-Cellulose-Gemischen. Diese Maßnahmen führen jedoch nur dann zu hoher Reinheit, wenn man den Verlust eines Teiles des Polysaccharids in Kauf nimmt. Außerdem ist die Herstellung hochgereinigter Polysaccharidlösungen sehr zeitaufwendig und für Routineuntersuchungen ungeeignet. Für diese werden Methoden bevorzugt, die eine sepzifische Veränderung des Polysaccharids messen, wobei die Verunreinigung durch einen Blindwert berücksichtigt werden kann.

11.2. Qualitative Analyse der Polysaccharide

Die qualitative Analyse, die in der anorganischen Chemie eine sehr einfache Operation ist, da oft durch eine einzige Reaktion ein Stoff eindeutig definiert werden kann, ist bei organischen Stoffen komplizierter. Außerordentlich schwierig gestaltet sich diese Aufgabe jedoch bei polymeren Körpern. Man kann sie oft nur durch eine ganze Serie von unterschiedlichen Bestimmungen identifizieren.

Bei Polysacchariden kann eine biologische Methode der Identifizierung angewandt werden, die neben den chemischen und physikalischen Bedeutung gewonnen hat. Man nutzt dabei die Eigenschaft mancher Polysaccharide aus, als Antigene zu wirken. Gelangen diese Polysaccharide in die Blutbahn mancher Tiere, z. B. von Kaninchen, so bilden sich in deren Organismus Stoffe aus, die mit dem Polysaccharid zusammengebracht, Ausfällungen ergeben. Man nennt das zentrifugierte Blut solcher „immunisierter" Tiere Antiserum. Überschichtet man ein solches Antiserum mit der Polysaccharidlösung, so erscheint an der Grenzfläche ein Niederschlag. Diese Reaktion heißt Präzipitinreaktion. Durch solche Antigen-Antikörper-Reaktionen wurde das Dextran in den früheren Jahren seiner Bearbeitung nachgewiesen.

11.3. Quantitative Bestimmung der Polysaccharide

Die quantitative Bestimmung der mikrobiell erzeugten Polysaccharide erfolgt vorwiegend aus wäßriger Lösung. Während reine Lösungen der Polysaccharide durch physikalische Methoden schnell und genau bestimmt werden können, bereitet die Messung der Konzentration in Kulturlösungen größere Schwierigkeiten. Die einfachste und am leichtesten überschaubare Methode ist die Ausfällung mit Alkohol und Wägung des getrockneten Polysaccharids. Man legt dabei im allgemeinen weniger Wert auf eine restlose Entfernung der Begleitstoffe als vielmehr auf eine vollständige Entwässerung bzw. Entsolvatisierung des Ausgefallenen. Dies folgt aus der begründeten Überlegung, daß der Fehler durch ungenügende Trocknung wesentlich mehr ins Gewicht fällt als der durch anhaftende Begleitstoffe. Um das zu verdeutlichen, untersuchen wir eine Dextrankulturlösung, wie sie nach der Fermentation eines 20%igen Saccharosenährmediums im Durchschnitt anfällt. Sie enthält

7 %	Dextran	alkoholunlösliche Bestandteile
0,05%	Bakterienmasse	
0,3 %	niederes Eiweiß	alkohollösliche Bestandteile
0,5 %	$Na_2HPO_4 \cdot 12\,H_2O$	
0,1 %	KCl	
7 %	Fructose	
4 %	Leucrose	
1,5 %	Mannit	
0,8 %	Milchsäure	

Wir erhalten also, rechnen wir die alkoholunlöslichen Bestandteile als Fehler, eine Unsicherheit von ungefähr 5%, bezogen auf die Gesamtmenge des Dextrans. Vergegenwärtigen wir uns demgegenüber das Wasserbindungsvermögen des Dextrans, das 21,4 g H_2O/g Dextran beträgt, so erkennen wir, wie wichtig es ist, den ausgefallenen schleimigen Kuchen gut zu trocknen, der außerdem einen gewissen Prozentsatz der niedermolekularen Komponenten kapillar gelöst enthält. Man wäscht deshalb den ausgefallenen Kuchen mit Alkohol, Aceton und Äther unter sorgfältigem Kneten und trocknet dann im Vakuum.

Die Methode der reduktometrischen oder kolorimetrischen Bestimmung der durch Totalhydrolyse freigesetzten Bausteine setzt die Isolierung des Polysaccharids voraus. Die Hydrolyse muß unter reproduzierbaren Bedingungen erfolgen, da die Freisetzung der Bausteine nicht immer quantitativ erfolgt. Man benutzt daher Eichkurven. Als sehr vorteilhaft hat sich bei den kolorimetrischen Methoden die Kopplung der Hydrolyse mit der Farbstoffbildung erwiesen. Man verwendet als Reagens entweder Anthron oder Phenol, die beide in hochkonzentrierter Schwefelsäure mit dem Zucker zu charakteristisch gefärbten Verbindungen zusammentreten. Dabei ist durch die Wahl der Temperatur eine Unterscheidung verschiedener Zucker auf Grund ihrer mehr oder weniger leichten Reaktionsfähigkeit möglich. Mit Anthron reagieren Fructosane bzw. Fructose bereits bei Zimmertemperatur, während Glucosane bzw. Glucose erst bei ungefähr 100 °C deutliche Reaktion zeigen. Die kolorimetrischen Methoden eignen sich besonders für die Bestimmung sehr verdünnter Polysaccharidlösungen.

Für reine, klare Lösungen stellt die polarimetrische Bestimmung der Polysaccharide eine sehr schnelle, elegante Methode dar. Alle Polysaccharide weisen auf Grund ihrer asymmetrischen Kohlenstoffatome eine Drehung der Ebene polarisierten Lichts auf (Dextran +200°). Ist die spezifische Drehung des zu untersuchenden Polysaccharids bekannt, genügt eine einfache Bestimmung des Drehwinkels, um die Konzentration zu ermitteln. Dabei kann die Analyse in allen Lösungen störungsfrei erfolgen, die keine weiteren Substanzen mit asymmetrischen C-Atomen enthalten.

Diese Methode wird hauptsächlich für Gütebestimmungen blutphysiologischer Dextran- oder Lävanlösungen angewandt.

Für absolut reine Lösungen wird zuweilen auch die Ermittlung der Konzentration durch die Bestimmung des Brechungsindex' angewendet.

11.4. Die Bestimmung des Molekulargewichts der Polysaccharide

Die Molekulargewichtsbestimmung ist eine der wichtigsten Methoden, um Hochpolymere zu charakterisieren. Zur Bestimmung des Molekulargewichts benutzt man die Messung verschiedener Eigenschaften der Polymeren, deren Werte nicht notwendig zu dem gleichen Ergebnis führen müssen. Im Gegenteil, wir unterscheiden je nach der Methode, die angewendet wird, verschiedene Molekulargewichte. Diese Unregelmäßigkeit beruht aber nicht nur auf der Anwendung unterschiedlicher Meßmethoden oder der Messung verschiedener Eigenschaften des Polymeren, sondern auf der in der Regel auftretenden Polymeruneinheitlichkeit der untersuchten Substanz. Die verschiedenen Molekulargewichtsbereiche geben unterschiedliche Beiträge zu dem insgesamt gemessenen Effekt, und wir erhalten ein Durchschnittsmolekulargewicht, ein Mittel, das charakteristisch für die angewendete Methode ist. Wir kennen

Zahlenmittel des Molekulargewichts, die aus osmotischen, kryoskopischen, ebullioskopischen Messungen oder der chemischen Bestimmung charakteristischer Endgruppen resultieren,

Gewichtsmittel des Molekulargewichts, die man aus Lichtstreuungs- und Sedimentationsmessungen erhält,

Z-Mittel des Molekulargewichts, die aus Sedimentationsmessungen mittels der Ultrazentrifuge folgen,

Potenzmittel des Molekulargewichts aus viskosimetrischen Daten.

11.4.1. Zahlenmittel des Molekulargewichts

Das Zahlenmittel erhält man aus der Messung eines Effekts, der durch die Zahl der Mole in einer Probe vom Einheitsgewicht charakterisiert ist. Jedes Molekül gibt, unabhängig von seiner Länge, den gleichen Beitrag zu dem gemessenen Effekt. Diese Methoden „zählen“ also die in einer Probe enthaltenen Moleküle.

Durch die Beziehung

$$\text{Molekulargewicht} = \frac{\text{Gewicht der Probe}}{\text{Zahl der Moleküle}} = \frac{w}{n} \qquad (9)$$

erhält man, wie sich leicht übersehen läßt, auch den Polymerisationsgrad.

Unter Berücksichtigung der Polymolekularität stellt n die Summe aller Moleküle vom Polymerisationsgrad 1 bis ∞ dar, was allgemein geschrieben werden kann

$$n = \sum_{i=1}^{\infty} N_i . \tag{10}$$

Das Gewicht der Probe w setzt sich aus der Summe aller Produkte von Zahl und Molekulargewicht jedes Polymerisationsgrades von 1 bis ∞ zusammen (Gleichung 9, 10). Es ergibt sich der allgemeine Ausdruck

$$w = \sum_{i=1}^{\infty} N_i M_i . \tag{11}$$

Für das Zahlenmittel des Molekulargewichts folgt dann

$$\bar{M}_n = \frac{\sum_{i=1}^{\infty} N_i M_i}{\sum_{i=1}^{\infty} N_i} . \tag{12}$$

Teilt man es durch das Molekulargewicht des Bausteins, das sog. Grundmolekulargewicht, erhält man den Durchschnittspolymerisationsgrad ($\bar{\mathrm{P}}$ oder DP). Aus der Definition des Zahlenmittels (Gleichung 12) erkennt man die Art der Beeinflussung dieses Wertes durch verschiedene Polymeranteile. Die Gewichtsveränderung einer niedermolekularen Fraktion wirkt sich auf das Zahlenmittel sehr viel stärker aus als die gleiche Gewichtsveränderung einer höhermolekularen Fraktion.

Ebullioskopische und kryoskopische Methoden:

Die Anwendung ebullioskopischer und kryoskopischer Methoden beruht auf der bekannten Eigenschaft von Lösungen, daß ihre Siede- bzw. Gefrierpunktstemperatur gegenüber der Temperatur des Siede- bzw. Gefrierpunktes des reinen Lösungsmittels eine Differenz aufweist, die nur von der Zahl der gelösten Teilchen und einigen leicht zu ermittelnden Konstanten der Lösung bzw. des Lösungsmittels abhängt.

Praktisch ist die Anwendung beider Methoden bei Polysacchariden begrenzt, da im Falle eines Zahlenmittels von 50000 die Temperaturdifferenz einer 1%igen Lösung gegenüber dem reinen Lösungsmittel nur 0,001° betragen würde. Es können deshalb nur Molekulargewichte für Polymere mit einem Durchschnittsmolekulargewicht unter 5000 bestimmt werden.

Osmometrische Methode:

Die Anwendung der osmometrischen Methode beruht auf dem Bestreben von Lösungen, ihre Konzentration auszugleichen, wenn sie mit reinem Lösungsmittel in Verbindung gebracht werden. Diese Eigenschaft wird durch das VAN 'T HOFFsche Gesetz beschrieben. Danach verhält sich der osmotische Druck einer Lösung der Zahl der in ihr gelösten Teilchen proportional.

Die osmometrische Methode erfordert eine Vorrichtung, die es erlaubt, ein Volumen Lösung mit einem Volumen Lösungsmittel so zusammenzubringen, so daß wohl der Austausch von Lösungsmittelmolekülen, nicht aber der Austausch von gelösten (Makro-)Molekülen vonstatten gehen kann. Das erfolgt durch Trennung der Lösungen durch Wände, die für die Makromoleküle nicht durchlässig sind. Man nennt solche Trennwände semipermeabel. Es sind meist Membranen, die im Falle der Anwendung bei Polysacchariden und anderen Polymeren am besten aus gequollenen Makromolekülen selbst bestehen, z. B. aus Cellulose, Gelatine oder Gummi. Der Einsatz gleichartiger Membranen ist ein großes Problem bei osmotischen Messungen. Andererseits bieten auch die besten und gleichmäßigsten Membranen keine ideale Sperre für

Makromoleküle. Deshalb ist die Methode auf Molekulargewichte über 20000 beschränkt. Die obere Grenze der zu messenden Molekulargewichte soll 10^6 nicht überschreiten, da der osmotische Druck dann zu klein wird.

Methoden der Endgruppenbestimmung:

Die (reduzierenden) Endgruppen der Polysaccharide sind Zuckermoleküle, die ihre glykosidische OH-Gruppe in freier Form vorliegen haben.

Jedes Polysaccharidmolekül besitzt nur eine reduzierende Endgruppe. Da die Zahl der Endgruppen gegenüber dem Gewicht der Probe meist recht klein ist, sind besondere Bestimmungsmethoden erforderlich.

Zur Oxydation am glykosidischen C-Atom benutzt man meist Cu^{++}-Ionen, komplex gelöst in alkalischer Lösung (FEHLINGsche Lösung). Dieses Verfahren hat jedoch den Nachteil, daß die Reaktion nicht stöchiometrisch verläuft und teilweise unter Abspaltung des gesamten Endzuckermoleküls der nächste — jetzt zum reduzierenden Endmolekül gewordene — Baustein oxydiert wird. Daher muß man genau standardisierte Bedingungen einhalten und die Eichung der Methode an gleichen Polysacchariden, deren Molekulargewicht anderweitig bestimmt wurde, vornehmen.

Exakter, aber ungleich aufwendiger, ist die Methode der Cyanhydrierung mit radioaktiv markiertem Kohlenstoff der CN-Gruppe. Dabei wird die bekannte Reaktion der Cyanwasserstoffanlagerung an Aldehyde benutzt:

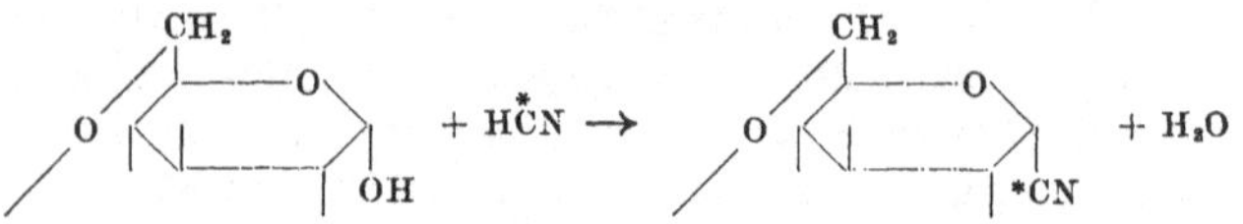

Die Radioaktivität im Polymeren ist ein direktes Maß für die Zahl der Endgruppen.

Bei der praktischen Ausführung der Bestimmung des Zahlenmittels nach den erwähnten Methoden ist jeweils eine besondere Aufbereitung der Proben erforderlich. Ebullioskopische, kryoskopische und osmotische Messungen können mit der notwendigen Genauigkeit nur in solchen Lösungen erfolgen, die frei von niedermolekularen Komponenten, insbesondere Elektrolyten, niederen Zukkern und Alkohol (Fällungsmittel) sind. Bei der reduktometrischen Endgruppenbestimmung muß die Probe frei von allen reduzierenden Stoffen, insbesondere niederen Zuckern, Eiweiß und Alkohol (Fällungsmittel) sein.

11.4.2. Das Gewichtsmittel des Molekulargewichts

Das Gewichtsmittel des Molekulargewichts wird durch Messung eines Effektes erhalten, der von der Masse der Teilchen in einer Probe abhängt. Solche Effekte bieten die Lichtstreuung an den gelösten Polymerteilchen oder ihre Sedimentation in einem künstlichen Schwerefeld.

Im Falle polydisperser Lösungen geben die Massenanteile jedes Polymerisationsgrades jeweils einen bestimmten Beitrag zu dem beobachteten Gesamteffekt. Wenn $\sum_{i=1}^{\infty} W_i$ die Summe der Massenanteile der Polymerisationsgrade von 1 bis ∞ darstellt, so ergibt sich das Gewichtsmittel des Molekulargewichtes zu

$$\overline{M}_w = \frac{1}{w} \sum_{i=1}^{\infty} W_i M_i , \qquad (13)$$

und unter Berücksichtigung von Gleichung (11) folgt

$$\overline{M}_w = \frac{\sum_{i=1}^{\infty} N_i M_i^2}{\sum_{i=1}^{\infty} N_i M_i} . \qquad (14)$$

Demnach beeinflussen gleiche Zahlen von Molekülen höheren Molekulargewichts das Gewichtsmittel stärker als gleiche Zahlen von Molekülen niedrigeren Molekulargewichts.

Die Unterschiede, die sich zwischen Gewichtsmittel und Zahlenmittel bei der gleichen Probe ergeben, sind oft ein wichtiger Hinweis für die molekulare Zusammensetzung der Probe.

Mischt man beispielsweise gleich viele Moleküle von $M = 10000$ und $M = 100000$, so erhält man für $\overline{M}_w = 92000$ und für $\overline{M}_n = 55000$. $\overline{M}_w/\overline{M}_n$ kann deshalb als ein Maß für die Polydispersität angesehen werden. Für eine monodisperse Lösung ist es gleich 1.

Bei der praktischen Anwendung der Lichtstreuungsmethode spielt die Vorbereitung der Probe eine beträchtliche Rolle für die Genauigkeit des gefundenen Molekulargewichts. Befinden sich nämlich Staubteilchen in der Lösung, so verändern diese durch ihre hohe Streuung die Streulichtintensitäten beträchtlich. Man muß daher nicht nur die Meßzellen staubfrei halten, sondern auch die Lösungen von allen Schwebeteilchen befreien. Das erfolgt entweder mit einer präparativen Ultrazentrifuge oder mit ultrafeinen Glasfritten.

Die Lichtstreuungsmethode ist eine der wesentlichsten Bestimmungsmethoden für das Molekulargewicht geworden. Jedoch ist ihre Bedeutung damit keineswegs erschöpft. Da die Ausdehnung polymerer Moleküle in Größenordnungen fällt, die sich der Wellenlänge des Lichtes nähern, tritt eine Interferenzerscheinung auf, die mit dem Beobachtungswinkel ansteigt. Diese Erscheinung ruft eine asymmetrische Veränderung der Intensität des Streulichtes mit dem Winkel hervor, die man als Winkelasymmetrie (angular dissymmetrie) bezeichnet.

Aus den Messungen dieses Effekts kann man nicht nur das Molekulargewicht, sondern auch Aussagen über die Raumerfüllung der Teilchen und die Polymer-Lösungsmittel-Wechselwirkung gewinnen.

11.4.3. Das Z-Mittel des Molekulargewichts

Z-Mittel des Molekulargewichts werden durch Anlegen eines künstlichen Schwerefeldes an Polymerlösungen ermittelt. Dabei werden die Polymermoleküle gegen Reibungskräfte bewegt. Der gemessene Effekt ist also ebenfalls proportional der Masse der Teilchen. Demnach ergeben sich auch bei dieser Methode Gewichtsmittel des Molekulargewichts. Diese lassen sich prinzipiell auch bestimmen. Bei polymolekularen Gemischen können jedoch Überlagerungen durch höhere Molekulargewichtsmittel ($\overline{M}_z$) auftreten.

Bei der praktischen Messung hat man verschiedene Besonderheiten zu beachten. Die Lösung darf über längere Zeit keine Veränderungen zeigen, das Lösungsmittel und das Polymere müssen verschiedene Refraktionswerte und Dichten aufweisen, das Lösungsmittel muß eine niedrige Viskosität besitzen, und das Polymere muß bei Raumtemperatur löslich sein.

Prinzipiell unterscheidet man zwei Arten von Messungen:

1. die Bestimmung der Sedimentationsgeschwindigkeit,
2. die Bestimmung der Sedimentationsgleichgewichte.

Für die erste wird ein starkes Schwerefeld benutzt. Die Moleküle bewegen sich gegen die Reibungskraft. Die Geschwindigkeit der Sedimentation ist ein Maß für das Verhältnis zwischen Molekulargewicht und Reibungskraft. Eine unabhängige Bestimmung der letzteren durch Diffusions- oder Viskositätsmessungen ist erforderlich.

Bei der Bestimmung des Sedimentationsgleichgewichtes wird die Zentrifuge bei geringerer Geschwindigkeit ein bis zwei Wochen unter konstanten Bedingungen gefahren, so daß sich ein thermodynamisches Gleichgewicht einstellen kann.

Dieses Gleichgewicht hängt nur vom Molekulargewicht und von der Molekulargewichtsverteilung des Polymeren ab. Man erhält aus Messungen in thermodynamisch idealen Lösungen direkt ohne Zusatzmessung das Molekulargewicht auf Grund der Konzentrationsunterschiede in verschiedenen Punkten des Schwerefeldes.

11.4.4. Das Potenzmittel des Molekulargewichts

Das Potenzmittel des Molekulargewichts bestimmt man mit viskosimetrischen Methoden.

Ihre Anwendung beruht auf der Eigenschaft polymerer Körper, ihren Lösungen schon in geringer Konzentration eine beträchtliche Viskosität zu verleihen. Diese Eigenschaft hängt primär von der Raumerfüllung und Größe der gelösten Moleküle ab und ist nur empirisch und nur für lineare Strukturen mit ihrem Molekulargewicht in Beziehung zu setzen. Die Einfachheit der Methode und der Umstand, daß gerade Polysaccharide sehr oft lineare Polymere sind, machen sie zu einer der wesentlichsten Untersuchungsmethoden auf diesem Gebiet der makromolekularen Chemie.

Die Messungen erfolgen durch die Bestimmung der Zeit, die ein bestimmtes Volumen einer Polymerlösung bekannter Konzentration braucht, um durch eine Kapillare zu fließen. Setzt man die so ermittelte Zeit mit der Zeit ins Verhältnis, die das gleiche Volumen des reinen Lösungsmittels zum Durchlauf durch die Kapillare benötigt, so erhält man die sog. relative Viskosität[1])

$$\eta_{\mathrm{rel}} = \frac{t_L}{t_{Lm}} . \qquad (15)$$

Zur Umrechnung auf eine konzentrationsunabhängige Zahl, die die Grundlage für die Molekulargewichts-

---

[1]) Exakt gehen in diese Bestimmung nicht nur die Zeiten, sondern auch die Dichten der Lösung und des Lösungsmittels ein. Letztere sind aber gewöhnlich für die Meßbereiche so wenig voneinander unterschiedlich, daß ihr Quotient gleich 1 gesetzt werden kann.

bestimmung darstellt, bestimmt man zunächst die spezifische Viskosität

$$\eta_{\text{spez}} = \eta_{\text{rel}} - 1 = \frac{t_L - t_{Lm}}{t_{Lm}}, \qquad (16)$$

dann die sog. reduzierte Viskosität

$$\eta_{\text{red}} = \frac{\eta_{\text{spez}}}{c}. \qquad (17)$$

Ähnlich wie bei den voraufgegangenen Methoden existiert die Konzentrationsunabhängigkeit nur bei der Konzentration 0. Deshalb wird eine Viskositätszahl oder in der deutschen Nomenklatur auch STAUDINGER-Index (engl.: intrinsic viscosity) genannte Größe definiert,

$$[\eta] = \left(\frac{\eta_{\text{spez}}}{c}\right)_{c=0}, \qquad (18)$$

die man durch Extrapolation erhält.

(Im englischen Schrifttum kennt man noch die inherent viscosity, die durch $\frac{\ln \eta_{\text{rel}}}{c}$ definiert ist.

Die Reihenentwicklung des Ausdruckes $\frac{\ln(\eta_{\text{spez}} + 1)}{c}$ ergibt aber als erstes bestimmendes Glied $\frac{\eta_{\text{spez}}}{c}$, so daß bei der Extrapolation die gleichen Viskositätszahlen (intrinsic viscosity) gefunden werden.)

Die Extrapolation erfolgt graphisch durch Auftragen der reduzierten Viskosität gegen die Konzentration. Die Viskositätszahl ergibt sich aus dem Ordinatenabschnitt. Als wirksame Kontrolle kann die reduzierte Viskosität auch gegen die spezifische aufgetragen werden (Abb. 16).

Diese Kontrolle des Extrapolationswertes ist auf Grund einer empirisch aufgestellten Beziehung durch

$$\frac{\eta_{\text{spez}}}{c} = [\eta]\,(1 + K_\eta \cdot \eta_{\text{spez}}) \qquad (19)$$

gegeben. Umgeformt ergibt sich

$$[\eta] = \frac{\frac{\eta_{\text{spez}}}{c}}{1 + K_\eta \cdot \eta_{\text{spez}}}, \tag{20}$$

eine Beziehung, die, wenn nur K_η mit hinreichender Sicherheit bekannt ist, mit der Bestimmung von η_{rel} bei einer einzigen Konzentration die Extrapolation erlaubt.

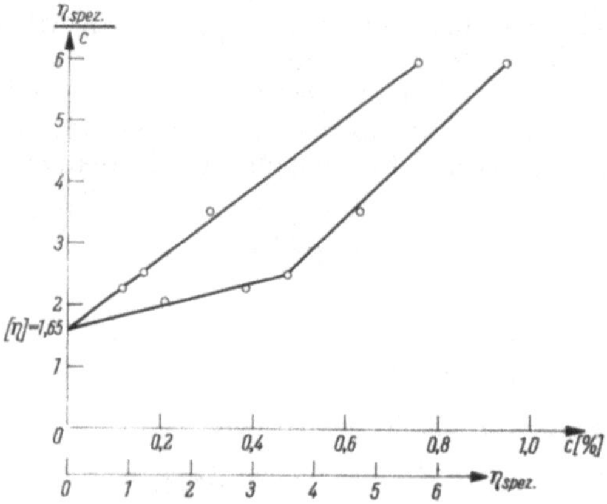

Abb. 16 Bestimmung einer Viskositätszahl durch graphische Extrapolation

Diese Methode läßt sich gerade dann sehr vorteilhaft verwenden, wenn große Serien von Lösungen ein und desselben Polysaccharids gemessen werden sollen.

Der Zusammenhang der Viskositätszahl mit dem Molekulargewicht linearer Polymerer ist durch die STAUDINGER-Beziehung[1]) gegeben:

$$[\eta] = K' M^a. \tag{21}$$

[1]) Die originale Fassung STAUDINGERs lautet etwas anders, und zwar

$$\frac{\eta_{\text{spez}}}{c} = KM.$$

K' und a sind Funktionen des Polymeren und des Lösungsmittels. a ist ein Maß für die Verknäuelung. Bei idealen linearen (gestreckten) Polymeren ist

$$a = 1.$$

Zur Bestimmung der Konstanten logarithmiert man diese Gleichung,

$$\log [\eta] = \log K' + a \log M \qquad (22)$$

und erhält die Gleichung einer Geraden im doppelt logarithmischen Maßstab mit dem Ordinatenabschnitt $\log K'$ und der Steigung a. Für das Durchschnittsmolekulargewicht polymolekularer Stoffe erhält man das sog. Potenzmittel [vgl. die Gleichungen (11), (14) und (21)]

$$\overline{M}_v = \left[\frac{1}{w} \sum_{i=1}^{\infty} w_i M_i^a\right]^{\frac{1}{a}} = \left[\frac{\sum\limits_{i=1}^{\infty} N_i M_i^{1+a}}{\sum\limits_{i=1}^{\infty} N_i M_i}\right]^{\frac{1}{a}}, \qquad (23)$$

das für ideale lineare Polymere ($a = 1$) mit dem Gewichtsmittel identisch ist. Empirische Messungen ergaben, daß das Potenzmittel meist in den Grenzen von $\pm 20\%$ vom Gewichtsmittel verschieden ist.

Aus den viskosimetrischen Bestimmungen folgen aber nicht nur die Aussagen über die Größe der Molekulargewichte, sondern auch über Größe und Kettenverzweigungen der Moleküle. Da die Viskositätszahl proportional dem hydrodynamischen Volumen ist, lassen sich durch Bestimmung der Konstanten in einer etwas von der Staudinger-Beziehung abgewandelten Gleichung die Kettenendenabstände in linearen Polymeren berechnen.

Die Verzweigung eines Polymeren läßt sich bei Kenntnis der Viskositätsdaten und des $\overline{M}_w$-Gewichtes der linearen Polymeren bestimmen. Ebenso kann man aus der verschiedenen Empfindlichkeit der Methode für lang-

und kurzkettig verzweigte Moleküle Aussagen über die Länge der Verzweigungen machen.

Diese Methoden anzuwenden, setzt spezielle Kenntnisse der Theorie der makromolekularen verdünnten Lösungen voraus.

11.5. Die Bestimmung der Molekulargewichtsverteilung der Polysaccharide

Die Kenntnis der Molekulargewichtsverteilung ermöglicht eine Aussage über das Zustandekommen der mit den vorhin beschriebenen Methoden bestimmten Molekulargewichtsmittel. Oft erbringt die Bestimmung der Molekulargewichtsverteilung weit wertvollere Hinweise über den Mechanismus von Synthese und Abbau als die des Molekulargewichts.

Die Molekulargewichtsverteilung kann als eine Massenverteilungsfunktion aufgefaßt werden, die jedem Polymerisationsgrad einen bestimmten Massenanteil zuordnet. Bei den Polysacchariden kann diese Funktion kaum durch einen geschlossenen mathematischen Ausdruck wiedergegeben werden, wie das bei einigen synthetischen Polymeren möglich ist. Vielmehr kann sie hier nur graphisch durch einen Kurvenzug dargestellt werden. Dieser verbindet die Massenanteile jedes Polymerisationsgrades. Man kennt auch eine integrale Form dieser Funktion. Die Maxima bzw. Minima der Massenverteilung entsprechen den Wendepunkten der integralen Form (Abb. 17).

Die größte Schwierigkeit, genaue und objektive Molekulargewichtsverteilungen zu erzielen, liegt in den geringfügigen Unterschieden der Eigenschaften benachbarter Polymerisationsgrade. Am günstigsten sind daher solche Methoden, die die Massenverteilungskurve entweder unmittelbar oder durch eine exakte Umrechnung liefern. Die Sedimentationsdiagramme aus der Ultrazentrifuge können in dieser Weise ausgewertet werden. Jedoch ist diese Methode noch nicht ohne Schwierigkeiten und wegen des apparativen und zeitlichen Aufwandes auch nicht überall anwendbar.

Man verwendet deshalb vorwiegend Methoden der analytischen Fraktionierung, die die Löslichkeitsunterschiede der verschiedenen Polymerisationsgrade ausnutzen. Diese

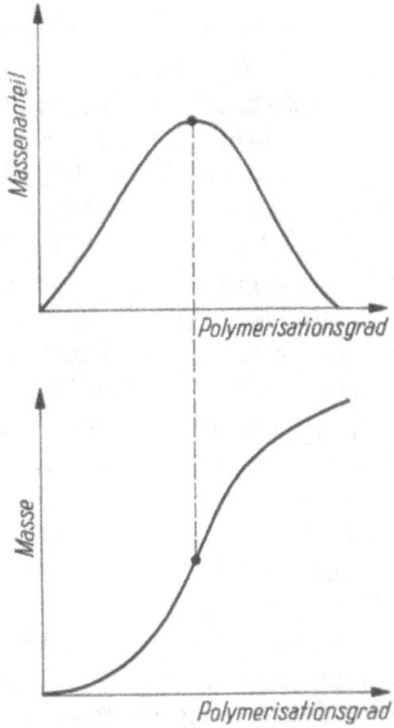

Abb. 17
Massenverteilung eines polymolekularen Stoffes

Methoden unterscheiden sich prinzipiell nicht von denen der präparativen Fraktionierung, die wir in dem Abschnitt über die Veränderung der Molekulargewichtsverteilung bereits näher kennengelernt haben.

Die Fraktionierungsmethoden sind durch eine große qualitative Sicherheit gekennzeichnet, da eine materielle Trennung der Komponenten des Polymergemisches erfolgt.

Die Genauigkeit in quantitativer Hinsicht erreicht man durch eine enge Fraktionierung, d. h. durch die

Isolierung möglichst vieler Fraktionen mit nahe beieinanderliegenden Durchschnittspolymerisationsgraden. Aus den Gewichtsanteilen der einzelnen Fraktionen und ihrem Durchschnittspolymerisationsgrad kann die Massenverteilungskurve leicht konstruiert werden.

Die Genauigkeit der Fraktionierung wird durch eine möglichst lange Zeit zur Gleichgewichtseinstellung erhöht. Dazu nutzt man den Temperatureinfluß auf die Löslichkeit aus. Bei besonderen Anforderungen wählt man oft eine mehrmalige Fraktionierung. Grundbedingung für eine gute Genauigkeit ist eine möglichst niedrige Ausgangskonzentration des Polymeren. Man legt im allgemeinen Konzentrationen zwischen 0,1 und 0,5% vor.

Weiterhin ist die Entstehung einer flüssigen Gelphase für die Trennschärfe der Fraktionierung von entscheidender Bedeutung. Partiell kristallines Verhalten, das zu flockigen Gelphasen führt, stört die Trennung empfindlich.

Diese Art der Ermittlung der Molekulargewichtsverteilung, die letztlich eine präparative mit der Genauigkeit einer analytischen Methode ist, kann wegen ihres großen Zeit- und Volumenaufwandes für Serienbestimmungen nicht angewendet werden.

Bei der Untersuchung praktischer Fragen, wie der Beeinflussung der Synthese durch Akzeptoren oder der Suche nach den günstigsten Abbaubedingungen zur maximalen Bildung einer bestimmten Fraktion, genügt es oft, die Lage der Verteilungsmaxima festzustellen. Man wendet deshalb dafür abgekürzte Methoden an. Zwischen diesen sog. Schnellmethoden und der beschriebenen Methode steht die Methode der Lösefraktionierung. In ihrer vollkommensten Form angewendet, zieht man einen Film des Polymeren auf dünne Metallblättchen auf und löst selektiv durch sukzessive Anwendung von Lösungsmittel-Fällungsmittel-Gemischen nacheinander die leichtlöslichen bis schwerlöslichen Polymerisationsgrade heraus. Die Massenverteilungskurve folgt aus der Bestimmung des Gewichts und Durchschnittspolymerisationsgrades der gewonnenen Fraktionen.

Die Schnellmethoden verzichten auf die Bestimmung des Polymerisationsgrades der einzelnen Fraktionen. Sie benutzen als Parameter des Polymerisationsgrades die Fällungsmittelkonzentration. Man muß aber dabei beachten, daß die Fällungsmittelkonzentration keine lineare Proportionalität zum Polymerisationsgrad bzw. Molekulargewicht aufweist. Die Gestalt der Massenverteilungskurven ist deshalb verzerrt. Die Verhältnisse sind in Abb. 18 für ein Dextran dargestellt. Man erkennt in der oberen Kurve, die die Massenanteile gegen das Molekulargewicht aufgetragen enthält, eine annähernd glocken-

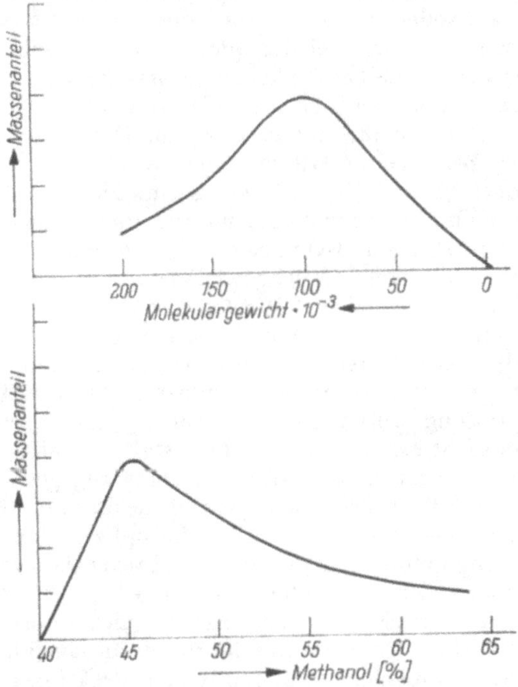

Abb. 18 Massenverteilungen in Abhängigkeit vom Molekulargewicht und von der Fällungsmittel-Konzentration

förmige Verteilung der Massenanteile, während die Massenverteilung gegen die Fällungsmittelkonzentration einen langen Schwanz nach höheren Fällungsmittelkonzentrationen hin aufweist.

Meist ist ein mathematischer Ausdruck für die Abhängigkeit des ausfallenden Molekulargewichts vom Fällungsmittelgehalt nicht bekannt, so daß eine entsprechende Unterteilung der Abszisse nicht vorgenommen werden kann. Man muß deshalb vor Anwendung solcher Methoden ihre Aussagefähigkeit und die Bedeutung der so erhaltenen Massenverteilungskurven sorgfältig prüfen.

Die Bestimmung des Massenanteils bei diesen Methoden erfolgt entweder gravimetrisch oder kolorimetrisch in einer Weise, die wir bei der quantitativen Bestimmung der Polysaccharide bereits kennengelernt haben.

Oft verzichtet man auch auf die Massenverteilungskurve und ermittelt nur ihre integrale Form. Dabei spart man sehr viel Zeit, da die Gleichgewichtseinstellung für alle Fraktionen gleichzeitig erfolgen kann. Man legt dabei gleiche Volumina Polymerlösung vor und versetzt mit steigenden Mengen Fällungsmittel. Im Thermostaten kann eine langsame Gleichgewichtseinstellung für sehr viele Proben zu gleicher Zeit erfolgen (Abb. 19).

In ähnlicher Weise wird die integrale Massenverteilung durch die Methode der Trübungstitration erhalten. Dabei wird zu einem bekannten Volumen sehr verdünnter Polymerlösung durch eine — meist automatische — Titriereinrichtung langsam Fällungsmittel unter guter Temperaturkonstanz und guter Rührung zugegeben. Die Gelphase scheidet sich feindispers in die Lösung ab und verursacht eine Trübung, die durch eine optisch-elektrische Einrichtung quantitativ gemessen und registriert wird.

Der hauptsächliche Fehler solcher Methoden, die zu integralen Verteilungskurven führen, liegt am „Mitreißen“ leichter löslicher Anteile durch die ausfallenden Polymeren hauptsächlich in den letzten Fraktionen.

Bei der Trübungstitration kann partiell kristallines Verhalten zu Agglomerationen der ausgefallenen Gelphase führen, die die Trübung verringern. Das kann zum Absinken der Trübungswerte mit fortschreitender Titration führen, wodurch die Bestimmung wertlos wird.

Zu den Schnellmethoden rechnet man auch die Spitzenfraktionierung, die in einer vereinfachten Form bei der

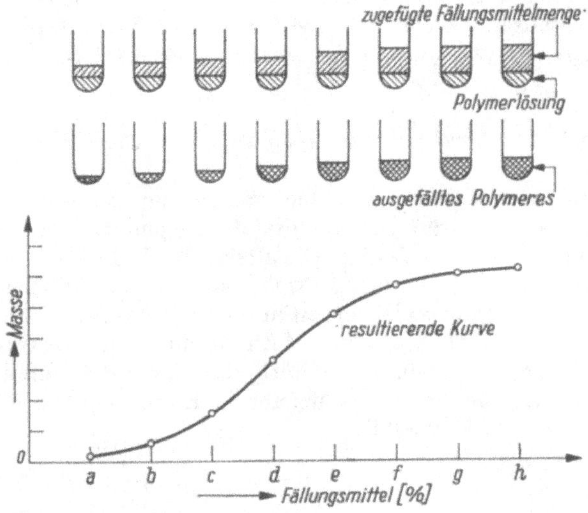

Abb. 19 Schema einer Schnellmethode

Gütekontrolle klinischer Dextrane angewendet wird. Man isoliert dabei je 5—10% des Polymeren, die mit der geringsten bzw. mit der größten Fällmittelkonzentration abgeschieden werden können. Von diesen sog. Randfraktionen werden die Polymerisationsgrade bestimmt. Sie sind ein Maß für die Breite der Verteilung des Polymeren.

11.6. Die Bestimmung der Struktur der Polysaccharide

Nähere Einzelheiten über die Struktur mikrobiell erzeugter Polysaccharide sind bis jetzt im wesentlichen nur vom Dextran bekanntgeworden. Diese Kenntnis erhielt man durch die kombinierte Anwendung chemischer und physikalischer Methoden, die für die Strukturaufklärung anderer Polysaccharide ebenso verwendet werden können.

11.6.1. Die Strukturbestimmung auf chemischem Wege

Die chemischen Methoden stellen die Bindungsverhältnisse fest. Sie können die Ansatzpunkte der Verzweigungsketten erfassen. Die älteste Methode verwendet die in der Zuckerchemie wohlbekannte Methylierung. Die freien Hydroxyle werden in die sehr stabilen Methyläther überführt. Nach der Methylierung eines Dextranpolymeren zeigt ein Ausschnitt, der eine α-1,4-Verzweigung und eine nicht reduzierende Endgruppe enthält, das folgende Formelbild

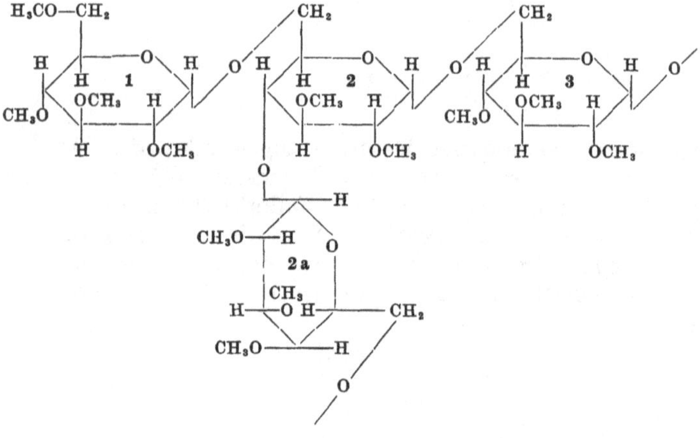

Durch Methanolyse erhält man die entsprechenden Glucoside, und zwar für die Bausteine

1	ein 2,3,4,6-Tetramethylglucosid
2	ein 2,3-Dimethylglucosid
3 und 3a	je ein 2,3,4-Trimethylglucosid.

Offensichtlich wird also für jeden Verzweigungspunkt in der Kette ein dimethylierter Baustein, für jede nichtreduzierende Endgruppe, als ein weiteres Maß für die Zahl der Verzweigungen, ein tetramethylierter Baustein auftreten, während für die normalen Bausteine der Kette trimethylierte Produkte gefunden werden. Aus der Art der dimethylierten Zucker kann man die Stellung der Verzweigung ablesen. Für den Verzweigungsansatz

in 4-Stellung erhalten wir	ein 2,3-Dimethylglucosid
in 3-Stellung	ein 2,4-Dimethylglucosid und
in 2-Stellung	ein 3,4-Dimethylglucosid.

Die Trennung dieser Glucosederivate kann durch fraktionierte Destillation oder Chromatographie erfolgen. Ihre quantitative Bestimmung ist mit beträchtlichen Schwierigkeiten verbunden. Ebenso ist die Methylierung, von deren Vollständigkeit die Genauigkeit der Bestimmung der Verzweigungspunkte abhängt, recht schwierig. Einen theoretischen Substitutionsgrad von 3 erhält man nur durch mehrfache Wiederholung der Operation. Am besten bewährt sich dabei die Methylierung des Alkalisalzes des Polymeren mit Methyljodid in flüssigem Ammoniak. Die Ergebnisse, die mit dieser Methode erhalten wurden, zweifelt man deshalb immer wieder an und suchte nach Bestätigungen durch andere Methoden.

Dabei wurde auf die Glycolspaltung durch starke Oxydationsmittel, insbesondere Perjodsäuresalze, zurückgegriffen. Diese „Perjodatmethode“ beruht auf der Spaltung der Kohlenstoff-Kohlenstoff-Bindung benachbarter Alkoholgruppen unter Oxydation dieser zum Aldehyd.

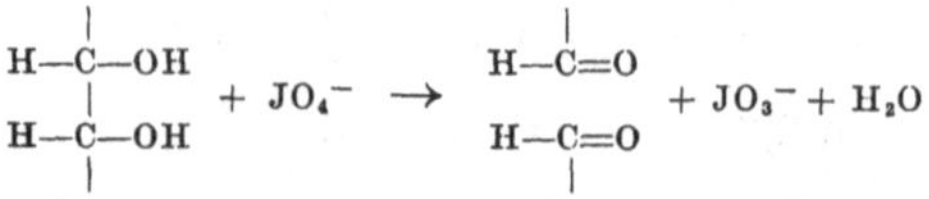

Liegen drei benachbarte Alkoholgruppen vor, so erfolgt ebenfalls Spaltung, wobei die mittlere Gruppe als Ameisensäure freigesetzt wird.

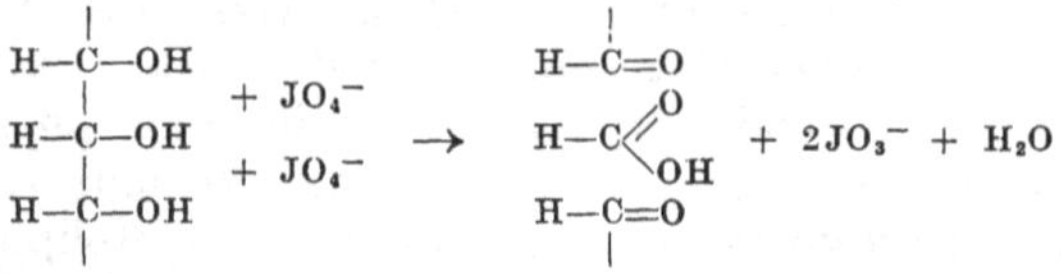

Wenden wir diese Regeln auf die Spaltung der Glucosebausteine in einer Dextrankette an, so werden wir im Falle eines Bausteins in 1,6-Bindung die Abspaltung eines Moleküls Ameisensäure und den Verbrauch von zwei JO_4'-Ionen registrieren:

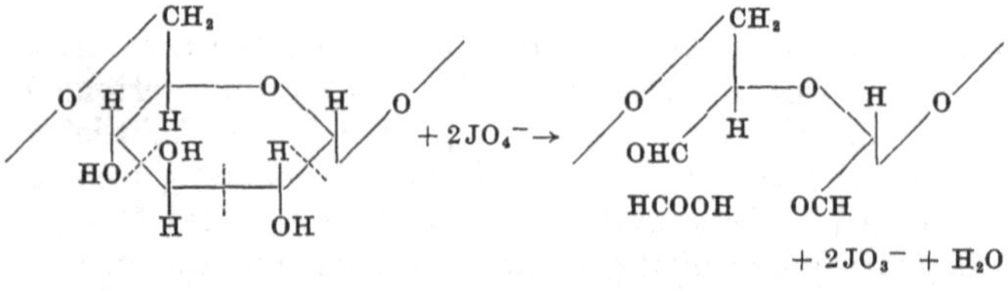

Liegt ein Baustein in 1,6-Bindung mit einer 4-Verzweigung vor, finden wir nur den Verbrauch eines Moleküls JO_4^-:

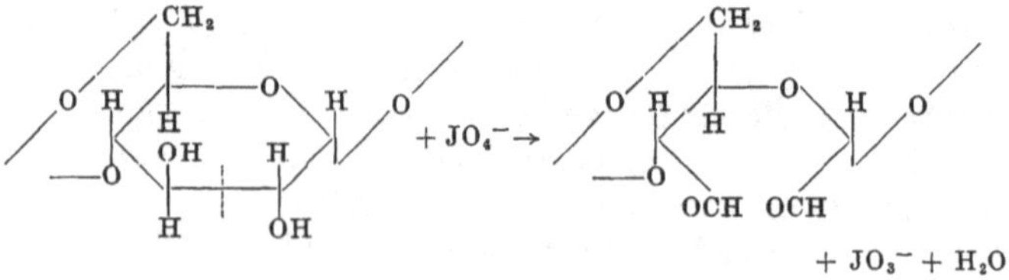

Liegt ein Baustein in 1,6-Bindung mit einer 3-Verzweigung vor, so beobachten wir keine Reaktion, da keine Glycolkonfiguration vorliegt:

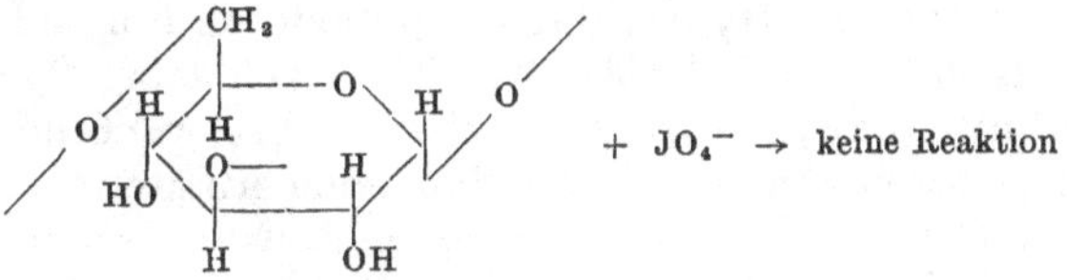

Bei bekanntem Dextran-(Baustein) Gehalt einer Lösung kann man also leicht aus der Messung der entstandenen Ameisensäure und des verbrauchten Perjodats die Anteile der entsprechenden Verzweigungspunkte ermitteln. Allerdings gilt das Ergebnis nur dann, wenn tatsächlich nur solche Verzweigungspunkte vorliegen. Wir können uns leicht an Hand der Formelbilder und Oxydationsregeln davon überzeugen, daß mit der Perjodatmethode keine Unterschiede auftreten, wenn statt 4-Verzweigungen 2-Verzweigungen vorliegen oder wenn statt 3-Verzweigungen Kombinationen von 3- und 4-, von 3- und 2- oder von 4- und 2-Verzweigungen vorliegen. Erschwert wird die Deutung der Analysenergebnisse noch dadurch, daß kein Unterschied zwischen einer nichtreduzierenden Endgruppe und einem 1,6-verbundenen Kettenglied besteht, der bei der Methylierungsmethode immer noch eine Kontrolle der Zahl der Verzweigungspunkte aus den gefundenen zweifach methylierten Zuckern darstellt. Eine reduzierende Endgruppe wird dagegen unter Bildung von vier Molekülen Ameisensäure und Verbrauch von vier Perjodationen oxydiert:

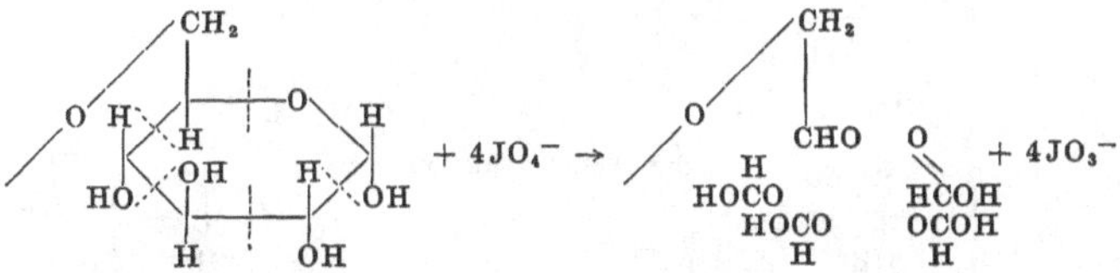

Bei niedrigen Polymerisationsgraden muß deshalb eine Korrektur der erhaltenen Werte für die Verzweigungspunkte vorgenommen werden.

Eine Bestätigung der Ergebnisse der Perjodatmethode kann durch die Hydrierung der gebildeten Polyaldehyde zu Alkoholen und die Analyse der durch saure Spaltung der glykosidischen resp. jetzt acetalischen Bindungen freigesetzten Fragmente der Bausteine erhalten werden.

Im Falle eines 1,6-verbundenen Bausteines entstehen dann ein Molekül Glycerin und ein Molekül Glycolaldehyd:

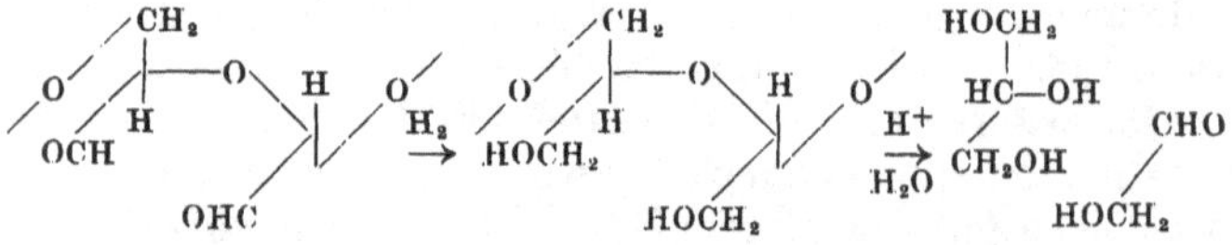

Im Falle eines 1,6-verbundenen Bausteines mit einem 4-Verzweigungspunkt entstehen ein Molekül Erythrol und ein Molekül Glycolaldehyd:

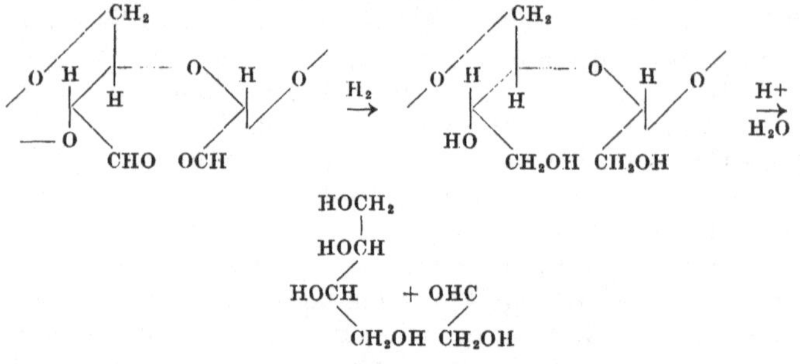

und im Falle eines 1,6-verbundenen Bausteins mit einem 3-Verzweigungspunkt entsteht ein Molekül Glucose:

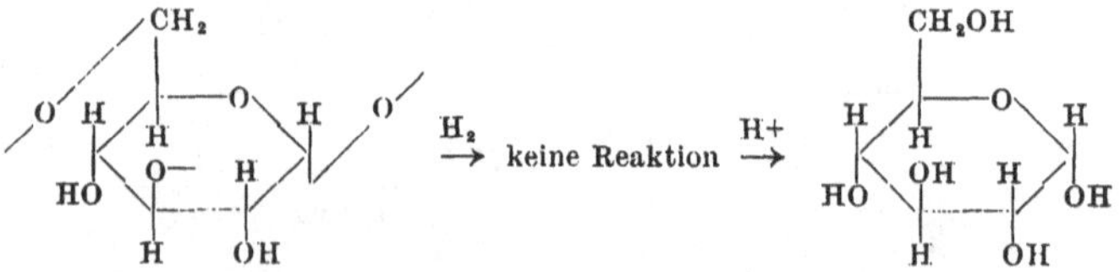

Eine weitere Aussage über die Struktur erhält man durch Analyse der abgefangenen niedermolekularen Spaltprodukte bei der sauren bzw. enzymatischen Hydrolyse von Dextran. Es lassen sich bis zu 50% der eingesetzten Dextran(baustein)menge als Isomaltose (α-1,6-Glucosylglucose) bzw. Isomaltotriose (α-1,6-Glucosyl-α-1,6-glucosylglucose) isolieren, bewirkt durch das Vorhandensein eines hohen Anteiles von α-1,6-Bindungen. Bei hochverzweigten Dextranen hat man neben diesen Zuckern das Disaccharid Nigerose (α-1,3-Glucosylglucose) und ein Trisaccharid mit der Struktur einer α-1,3-Glucosyl-α-1,6-glucosylglucose isoliert, welche das Vorhandensein von α-1,3-Bindungen beweisen.

11.6.2. Die Strukturbestimmung auf physikalischem Wege

Die physikalischen Methoden der Bestimmung der Struktur als einer chemischen Eigenschaft bedürfen der chemischen Methoden, um die Ursache des gemessenen Effektes zu charakterisieren. Ist diese bekannt, dann gestaltet sich die alleinige Messung des Effekts meist einfacher und läßt sich viel schneller durchführen als eine chemische Analyse.

Bei der Vermessung der Infrarotsorptionsspektren verschiedener Dextrane wurde eine Veränderung der Absorption bei einer bestimmten Wellenzahl, 794 cm^{-1}, beobachtet. Diese erwies sich proportional dem Anteil der α-1,3-Bindungen, so daß dieser dadurch bestimmbar wird.

Bei der Bestimmung der spezifischen Drehung der Ebene polarisierten Lichts durch verschiedene Dextrane in Formamid ergaben sich steigende Werte mit steigendem Anteil an α-1,3-Bindungen, während α-1,4-Bindungen ohne Einfluß waren.

Besondere Bedeutung hat jedoch die Messung der spezifischen Drehung der Tetramminkupfer(II)-Komplexe der Dextrane erlangt. In Analogieversuchen hat man festgestellt, daß freie Hydroxyle in 2,3-Stellung Komplexe ergeben, die die spezifische Drehung beträchtlich vermindern, wogegen freie Hydroxyle in 3,4-Stellung zu Komplexen führen, die eine beträchtliche Erhöhung bewirken. Diese signifikanten Drehungsunterschiede erlauben eine sehr sichere Beurteilung der Verteilung der freien Hydroxylgruppen. Auf diese Weise ist es erstmalig gelungen, Verzweigungen in der 2-Stellung nachzuweisen.

Die Länge der Verzweigungsketten mit Hilfe physikalischer Methoden zu bestimmen, wurde ebenfalls versucht. Durch Kombination viskosimetrischer und osmotischer Daten unter Einbeziehung von Sedimentationskonstanten und Moleküldurchmessern hat man Modelle berechnet, die mit den chemischen Analysen gut im Einklang stehen.

12. Die technische Herstellung der mikrobiellen Polysaccharide

Wir wiesen in den vorhergehenden Abschnitten schon mehrere Male darauf hin, daß die Kenntnisse über die mikrobiellen extrazellulären Polysaccharide im wesentlichen auf das Dextran beschränkt sind und daß dieses auf das technische Interesse, das die Dextrane gefunden haben, zurückzuführen ist. Von wenigen, zudem noch unvollständig beschriebenen Ausnahmen abgesehen, finden sich in der Literatur über die technische Herstellung mikrobieller Polysaccharide nur Angaben über Dextran. Dementsprechend müssen wir die Beschreibung grundlegender Verfahren für die Synthese extrazellulärer Polysaccharide auf Dextran beschränken.

Wie wir schon ausführten, läßt sich eine Dextransynthese nach zwei Verfahren durchführen: Als Fermentation, wobei in der Kulturlösung Zellvermehrung, Enzymausscheidung und Dextranbildung nebeneinander bzw. nacheinander ablaufen und als enzymatische

Synthese, wobei in der Kulturlösung nur Zellvermehrung und Enzymausscheidung ablaufen, während die Dextranbildung gesondert hiervon durchgeführt wird. Im ersten Falle haben wir es mit einem einstufigen, im zweiten mit einem zweistufigen Verfahren zu tun.

Die Herstellung eines bestimmten Molekulargewichts bzw. Molekulargewichtsbereichs kann sowohl durch Beeinflussung der Synthese, durch Lenkung, als auch durch nachfolgende Veränderung, durch partielle Hydrolyse, erfolgen. Entsprechend der oben gegebenen Einteilung unterscheiden wir zwischen einer Lenkung während der Fermentation, die als Lenkung in wachsender Kultur bezeichnet wird und einer Lenkung bei der enzymatischen Synthese.

Für die technische Synthese ergeben sich sowohl aus den theoretischen Vorstellungen als auch aus den Forderungen des Verbrauchers folgende Verfahren:

12.1. Verfahren für die technische Synthese

Synthese von Nativdextran (Fermentation) und

Aufarbeitung des Nativdextrans für technische Anwendungen,

Hydrolyse des Nativdextrans und

Aufarbeitung zu klinischem Dextran (*MG* ~75000) und

Starterdextran (*MG* ~30000).

Gelenkte Synthese in wachsender Kultur zu

klinischem Dextran (*MG* ~75000),

technischem Dextran (*MG* ~500000) und

hochmolekularem Dextran.

Enzymatische Synthese zu klinischem Dextran.

12.1.1. Synthese und Aufarbeitung von Nativdextran

Die Herstellung von nativem, hochmolekularem Dextran sowohl als Zwischenprodukt für den hydrolytischen Abbau zu klinischen und anderen Dextranen als auch für technische Zwecke ist das älteste und wegen seiner Einfachheit auch das gebräuchlichste Verfahren. Wegen des mikroaerophilen und acidophilen Verhaltens der Dextranbildner sind Fremdinfektionen kaum zu befürchten und die Anforderungen an die Sterilität daher gering. Die Nährlösung wird auf einen pH-Wert zwischen 7 und 8 eingestellt, der nach Überimpfung bald (nach etwa 8 Stunden) infolge der Säurebildung abfällt. Im pH-Bereich zwischen 5 und 6 laufen die entscheidenden synthetischen Prozesse ab, die nach weiterem pH-Abfall, bis unter 4, zum Stillstand kommen. Durch die Säuerung wird die Synthesekultur vor dem „Überwachsen" mit Fremdorganismen geschützt, andererseits muß durch geeignete Maßnahmen ein zu schneller pH-Abfall vermieden werden.

Viele technische Anlagen verwenden zur Sterilisation sehr einfache Vorrichtungen. Sie kann beispielsweise in der gleichen Weise erfolgen, wie es für die Bereitung der Maische bei der Alkoholgärung üblich ist. Ein etwa halbstündiges Erhitzen bei 100 °C im Fermentor selbst oder in einem Kocher erwies sich als ausreichend. In einer Produktionsanlage erfolgt die „Sterilisation" kontinuierlich in einem Wärmeaustauscher bei 108 °C und einer Verweilzeit von <1 Minute. Selbst mit nicht sterilisierten Nährlösungen sind technische Synthesen durchgeführt worden. Allerdings muß dann eine einwandfreie Impflösung in relativ großer Menge verwendet werden.

Für das Einhalten des pH-Optimums werden pH-Regelanlagen oder chemische Verbindungen, die die Säuren binden ($CaCO_3$) bzw. als Puffer wirken (Na_2HPO_4), benutzt. Die chemischen Methoden sind am gebräuchlichsten, wobei bei technischen Dextranen, des Preises wegen, dem billigen Calciumcarbonat der Vorzug gegeben wird.

Die Saccharosekonzentration wird aus ökonomischen Gründen möglichst hoch gewählt, um eine große Volumenausbeute zu gewährleisten. Bei der Aufrechnung der Kosten steht an erster Stelle der Preis des Rohstoffes (Saccharose), an zweiter Stelle der des Fällmittels (Verluste und Kosten für die Redestillation). Bei gleichbleibender maximaler Ausbeute an Dextran wird ein Verfahren um so wirtschaftlicher sein, je höher die Dextrankonzentration in der Synthesekultur ist, da die Menge des benötigten Fällmittels unabhängig von der Dextrankonzentration ist. Eine Saccharosekonzentration bis hinauf zu 40% verringert die Dextranausbeute nicht, allerdings nimmt die Fermentationszeit mit steigendem Gehalt an Saccharose zu. Während in älteren Arbeiten die Konzentration der Saccharose mit 10% angegeben wurde, bevorzugt man heute Konzentrationen von 20% und zum Teil noch höhere.

Die Fermentation kann in einfachen, geschlossenen Gefäßen, z. B. in Gärtanks, wie sie in der Alkoholindustrie üblich sind, durchgeführt werden. Eine Belüftung ist nicht erforderlich. Um eine schnelle Durchmischung der Impflösung mit der Nährlösung zu gewährleisten, wird entweder kurzzeitig sterile Luft eingeblasen oder mechanisch gerührt. Eine ständige Belüftung oder Rührung beeinflußt den Polymerisationsvorgang nicht, lediglich die Inkubationsphase wird verkürzt.

Natives, hochmolekulares Dextran fällt aus einer Kulturlösung nach Zusatz eines gleichen Volumens Methanol, abhängig vom verwendeten Bakterienstamm, d. h. von der Eigenschaft des Dextrans, als schleimige, viskose Lösung bis kautschukartige, feste Masse aus. Dieser Fällvorgang bereitet technisch die größten Schwierigkeiten. Durch Zugabe des Fällmittels entsteht eine Mischungswärme, die bei Methanol so hoch sein kann, daß dieses aus der Lösung destilliert. Außerdem entstehen am Einflußort des Fällmittels, weil hier seine

Konzentration am höchsten ist, stärker entwässerte, mehr oder weniger feste Dextrane, die an Wandungen und Rührern ankleben und teilweise kristallin verhärten. Theoretisch lassen sich diese Schwierigkeiten dadurch vermeiden, daß unter kräftigem Rühren das Fällmittel langsam in kleinem Strahl zugegeben wird. Praktisch ist dies aus Zeitgründen nicht möglich. Fällkessel sind daher fast ausschließlich mit kräftigen Rührwerken und Kühleinrichtungen ausgerüstet. Trotzdem bleibt das Fällen des Dextrans ein Vorgang, bei dem die Erfahrung, das Wissen um das „wie", von Einfluß ist. Um das Absetzen und Abtrennen des Dextrans zu erleichtern, sind die Kessel häufig unten konisch zugespitzt.

Nach einer neueren Vorschrift wird die Schwierigkeit des gleichmäßigen Durchmischens großer Volumen durch eine kontinuierliche Fällung in einer Mischbatterie umgangen. Entweder muß hier das Dextran so gefällt werden, daß es nicht mehr klebt, um ein Verstopfen der Leitungen zu vermeiden, was durch eine sogenannte lyophile Fällung erreicht wird. Man setzt so viel Fällmittel zu, z. B. das drei- bis mehrfache des Volumens der Kulturlösung, daß die Entwässerung des Dextrans zu einem fast trockenen Produkt erfolgt. Oder aber man fällt mit sehr wenig Fällmittel, bei Äthanol z. B. dreiviertel des Volumens der Kulturlösung, damit das Dextran sich als noch flüssig-plastische Phase absetzt.

Verfahrensbeschreibung (vgl. Abb. 20)

In dem indirekt und mit Dampf beheizbaren Kocher wird eine Nährlösung folgender Zusammensetzung mit Leitungswasser zubereitet:

Saccharose	20 %
Hefeautolysat	0,3 %
K_2HPO_4	0,5 %
$CaCO_3$	2 %

Die einzelnen Komponenten werden in dem bereits 50—70° warmen Wasser, dessen Menge nur etwa $^3/_4$ des berechneten beträgt, unter Rühren gelöst, und anschließend wird durch Einblasen von Dampf die Temperatur etwa 60 Minuten bei 100° gehalten. Danach wird bis auf 25° abgekühlt. Das Volumen wird jetzt mit Wasser und der pH-Wert mit Kalilauge auf pH 7,5—8 eingestellt.

Diese Nährlösung (= Syntheselösung) wird dem vorher ausgedampften und wieder abgekühlten Fermentor zugeführt. Gleichzeitig wird unter Rühren die Impfkultur zugegeben.

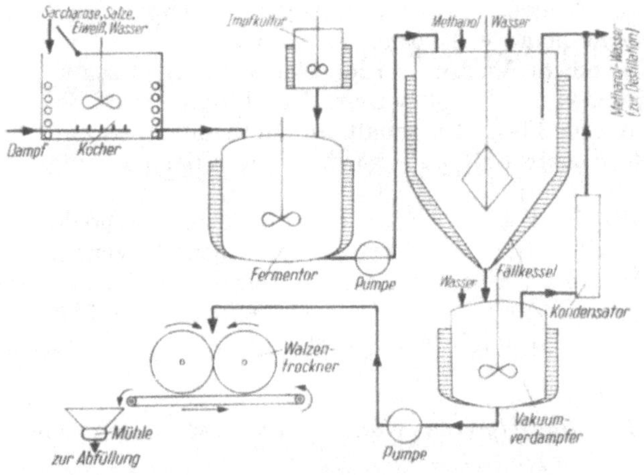

Abb. 20 Herstellung von Nativdextran

Die Impflösung beträgt $^1/_{10}$ des Volumens der Syntheselösung und hat bis auf die Saccharosekonzentration, die hier nur 1,5% beträgt, die gleiche Zusammensetzung wie die Syntheselösung. Die Impfkultur ist 24 Stunden bei 20—25 °C bebrütet worden.

Nach einer etwa achtstündigen Inkubationszeit beginnt der pH-Wert zu fallen. Nach weiteren 35 Stunden hat er den Wert 3,9 erreicht. Die Fermentation ist jetzt beendet, die Synthesekultur ist von hochviskoser, fast gelartiger Konsistenz. Die Dextrankonzentration beträgt etwa 7%.

Die Syntheselösung wird in den Fällkessel gepumpt und unter Kühlen und Rühren mit der gleichen Menge Methanol versetzt. Nach vollständiger Methanolzugabe wird noch 15 Minuten weitergerührt. Danach setzt sich das Dextran als schleimige Masse ab. Das Überstehende wird der Destillation zur Rückgewinnung des Fällmittels zugeführt.

Zu dem ausgefällten Dextran wird etwa die gleiche Menge Wasser zugesetzt, erwärmt und so lange gerührt, bis eine homogene Lösung entstanden ist.

In einem Vakuumverdampfer wird die Lösung vom restlichen Methanol befreit. Die Lösung muß, je nach dem erlaubten Restgehalt an Methanol, mehrere Male mit Wasser auf das ursprüngliche Volumen aufgefüllt werden.

Die jetzt 10—15%ige Dextranlösung ist hochviskos und wird über einen Verteiler auf einen Walzentrockner aufgetragen. Das in unregelmäßigen Plättchen abgetragene Dextran wird in einer Schlagkreuzmühle zermahlen und in Säcke abgefüllt.

12.1.2. Hydrolyse des Nativdextrans und Aufarbeitung zu klinischem Dextran

„Klinisches Dextran“ ist eine physiologische Kochsalzlösung, die etwa 6% eines Dextrans von einem bestimmten, engen Molekularbereich enthält. Am gebräuchlichsten ist ein Dextran, dessen mittleres Molekulargewicht bei 75000 liegt und in dem höher- und niedermolekulare Anteile durch sorgfältiges Fraktionieren entfernt wurden.

Da klinisches Dextran direkt in den Blutstrom infundiert wird, stellt man besonders hohe Qualitätsanforderungen. In folgender Aufstellung werden aus einer international anerkannten Gütevorschrift einige Spezifikationen aufgeführt:

Dextran	5,7 – 6,3 g/100 ml
NaCl	0,85 – 0,95 g/100 ml
pH	5,0 – 7,0
Stickstoff	< 1,0 mg/100 ml
Schwermetalle (als Pb)	< 0,5 mg/100 ml
Molekulargewicht	75000 ± 25000
Hochmolekularer Anteil	(5 – 10%) < 200000
Niedermolekularer Anteil	(5 – 10%) > 25000
Pyrogenität	negativ
Sterilität	negativ

Diese sehr strengen Maßstäbe verlangen eine sehr sorgfältige Herstellung und spezifische Verfahrensschritte.

Im Abschnitt über die Veränderung des Molekulargewichts wurde schon dargelegt, welche Schwierigkeiten auftreten, wenn die Hydrolyse zu einem Dextran von einem Molekulargewicht zwischen 50000 und 100000 führen soll. Die Abbaugeschwindigkeit ist selbst unter milden Bedingungen so groß, daß eine Zeitvorgabe allein nicht ausreicht, sondern eine laufende Kontrolle der Viskosität notwendig ist, um den günstigsten Zeitpunkt für den Abbruch der Hydrolyse zu finden. Das teilhydrolysierte Dextran hat aber noch beträchtliche Mengen hoch- und niedermolekularer Anteile, die durch mehrfaches Fraktionieren entfernt werden müssen. Nur 20 bis 30% des ursprünglich gebildeten Dextrans verbleiben nach der Fraktionierung in der Lösung. Häufig wird von höheren Ausbeuten an klinischem Dextran berichtet. Entweder erfolgte aber dann keine sorgfältige Fraktionierung oder das mittlere Molekulargewicht liegt unter 50000. In beiden Fällen entspricht ein derartiges Dextran nicht den Gütenormen.

Während im technischen Dextran Verunreinigungen, die von den Bestandteilen der Kulturlösung und den Stoffwechselprodukten stammen, ohne Bedeutung sind, sind hier zusätzliche Reinigungsschritte notwendig. Eiweiße werden durch Adsorbenzien, wie Kieselgur, Aktivkohle und Asbest, Salze durch Ionenaustauscher entfernt. Neben den chemisch analysierbaren Substanzen gibt es aber eine Stoffgruppe, die Pyrogene, die in so geringer

Konzentration vorhanden sind, daß es bis heute noch keine chemische oder physikalische Methode zu ihrer Bestimmung gibt. Pyrogene sind Substanzen, die von Bakterien gebildet werden, und, wie ihr Name aussagt, Fieber erzeugen. Sie kommen im Leitungswasser, selbst im destillierten Wasser vor. Durch doppelte Destillation oder Filtration durch Asbest-Cellulose-Platten läßt sich Wasser entpyrogenisieren. Das pyrogenfreie Wasser darf aber nicht lange stehen (oder es muß bei 60—70° gehalten werden), weil schon durch eine geringfügige bakterielle Infektion Pyrogene entstehen können. Die Sicherung der Pyrogenfreiheit bestimmt den Verlauf des Aufarbeitungsprozesses:

Ein geschlossenes, steriles System, Vermeidung von Standzeiten zwischen den einzelnen Verfahrensschritten und die Verwendung von pyrogenfreiem Wasser.

Die Trocknung des Dextrans erfolgt meist in Sprühtrocknern.

Verfahrensbeschreibung (vgl. Abb. 21)

Die umgefällte, auf eine bestimmte Konzentration eingestellte Lösung des nativen Dextrans wird in den Hydrolysekessel gepumpt, auf 80 ± 1° erhitzt und mit HCl auf pH 2 eingestellt. Durch den Probenehmer werden nach 10 Minuten in fünfminütigen Abständen Proben zur Viskositätsbestimmung entnommen und nach Erreichen der berechneten Viskosität der pH auf 6 eingestellt (um Bräunungen im alkalischen Bereich zu vermeiden), dann wird abgekühlt. Die Lösung wird über einen Asbest-Cellulose-Filter in den ersten Fraktionierkessel gedrückt und hier bei einer bestimmten Temperatur (z. B. 20 ± 0,5°) mit einer berechneten Menge Methanol versetzt (z. B. 40%). Es fällt der hochmolekulare Anteil (1. Fraktion) aus, der abgezogen wird. Das Überstehende wird in den zweiten Fällkessel gepumpt und der Methanolgehalt so weit erhöht, daß nur der klinische Bereich ausfällt, während sich im Überstehenden der niedermolekulare Anteil befindet. Dieses wird zur Destillation gepumpt, während das ausgefallene Dextran mit pyrogenfreiem Wasser auf das ursprüngliche Volumen aufgefüllt und wieder in den ersten Fällkessel zurückgeführt wird. Die Fraktionierung wird noch einmal, jedoch mit dem Unterschied durchgeführt, daß zur besseren Trennung der Fraktionen (Gleichgewichtseinstellung) jeweils nach

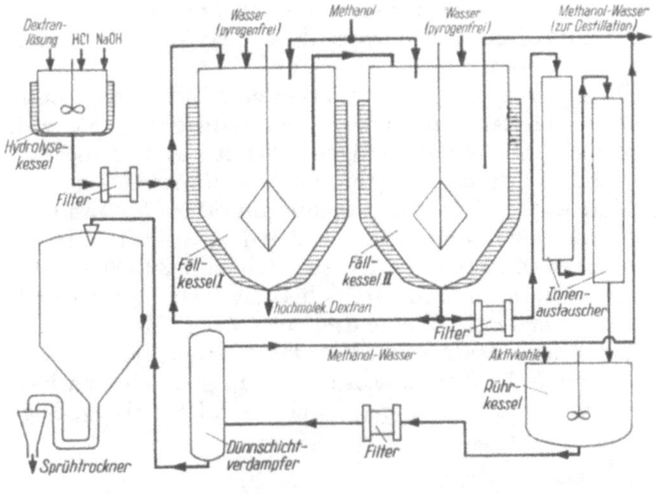

Abb. 21 Herstellung von klinischem Dextran (hydrolytisches Verfahren)

der Zugabe von Methanol zunächst etwa auf 15 bis 20° über der Fraktionier-Temperatur aufgeheizt und dann langsam auf diese abgekühlt wird.

Die jetzt völlig klare Lösung wird über ein Filter zur Entpyrogenisierung gedrückt und über die Ionenaustauscher-Batterie geleitet. Anschließend wird sie im Rührkessel mit Aktivkohle und Filterhilfe versetzt, über ein Plattenfilter filtriert und im Dünnschichtverdampfer vom restlichen Methanol befreit. Die jetzt etwa 20%ige Lösung wird in einem Sprühtrockner getrocknet.

12.1.3. Hydrolyse des Nativdextrans und Aufarbeitung zu Starterdextran

Starterdextrane werden für die gelenkte Synthese benötigt. Dementsprechend müssen sie ein mittleres Molekulargewicht besitzen, das zwischen 20000 und 30000 liegt und eine enge Molekularverteilung aufweisen. Größere Mengen akzeptorwirksame Zucker (Fructose aus der Kulturlösung, Glucose durch Hydrolyse) dürfen nicht auftreten.

Die Hydrolyse zu dem geforderten Molekulargewichtsbereich bereitet keine besonderen Schwierigkeiten, weil hier die Abbaugeschwindigkeit bereits so verlangsamt ist, daß sie durch Vorgabe einer bestimmten Zeit eingestellt werden kann. Das teilhydrolysierte Dextran muß von den niedrigmolekularen Anteilen befreit werden. Um einen Molekulargewichtsbereich von 20000—30000 auszufällen, muß man bereits beträchtliche Mengen Fällmittel zusetzen, z. B. eine dreifache Menge Methanol.

Das Starterdextran wird in den meisten Fällen, da es unmittelbar der Syntheselösung für die gelenkte Synthese zugesetzt wird, nicht getrocknet, sondern als wäßrige Lösung bereitgestellt.

12.1.4. Gelenkte Synthese in wachsender Kultur von klinischem Dextran

Wird die Impfkultur in einer Weise erzeugt, die die Bildung von Dextran und anderen Zuckern mit Akzeptorwirkung vermeidet, ist es möglich, die Polymerisation zu bestimmten Polymerisationsgraden in einem üblichen Fermentationsprozeß durch Variation der Saccharose-(Donator-)Konzentration und der Starter-Dextran-(Akzeptor-)Konzentration zu lenken. Dadurch ergeben sich bei der Herstellung von klinischem Dextran einige technologische Vorteile: Die nicht leicht zu kontrollierende

Hydrolyse entfällt, das Dextran in der Syntheselösung ist bereits niedermolekular, dadurch ist die Lösung nur leicht viskos; durch die Lenkung wird ein so enger Molekulargewichtsbereich eingestellt, daß nur eine einmalige Fraktionierung notwendig und dementsprechend die Ausbeute höher ist. Nachteile hat das Verfahren gegenüber dem hydrolytischen insofern, als die Fermentation sorgfältig gefahren werden muß und Trübungen und Opaleszenzen auftreten. Letztere werden durch Fällen einer 1. Fraktion entfernt, die an sich noch im klinischen Bereich liegt. Trotzdem liegen die Ausbeuten bei 50%.

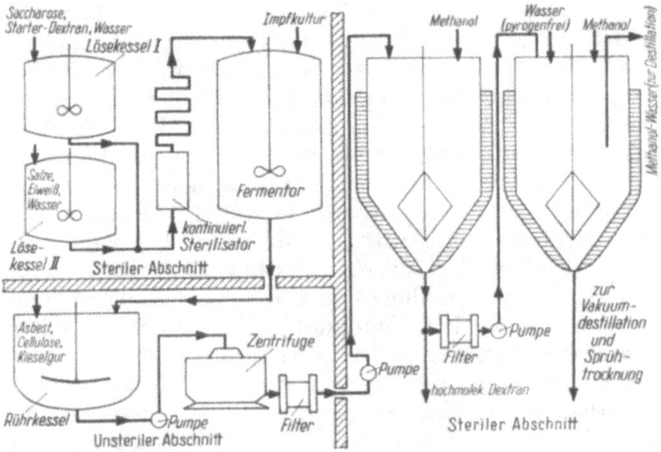

Abb. 22 Herstellung von klinischem Dextran (Verfahren der gelenkten Synthese)

Verfahrensbeschreibung (vgl. Abb. 22)

Die Impflösung hat folgende Zusammensetzung:

Na-Acetat	0,5%
Hefeautolysat	0,3%
$Na_2HPO_4 \cdot 12\,H_2O$	0,5%
KCl	0,1%

Sie wird mit einer bis auf die Kohlenstoffquelle gleich zusammengesetzten Impfvorkultur (Kohlenstoffquelle Fructose 0,5%) beimpft und 24 Stunden bei 25° bebrütet.

Die Syntheselösung hat folgende Zusammensetzung (Lenkung auf *MG* 75000):

Saccharose	20 %
Starterdextran (*MG* 30000)	2,9%
Hefeextrakt	0,3%
$Na_2HPO_4 \cdot 12\,H_2O$	0,5%
KCl	0,1%

Zucker und Dextran werden im Lösekessel I und die anderen Bestandteile des Nährbodens im Lösekessel II in der berechneten Menge Wasser gelöst, nacheinander durch den kontinuierlichen Sterilisator in den sterilen Fermentor gedrückt und der pH auf 7—8 eingestellt. Danach wird mit der Impfkultur beimpft. Nach etwa 8stündiger Inkubationszeit beginnt der pH-Wert zu fallen und erreicht nach etwa 30stündiger Fermentationszeit den Wert 3,9. Die Synthese ist jetzt beendet. Die Fermentationslösung wird zur Klärung (Befreiung von Bakterien, Eiweißen) in einen Rührkessel gepumpt und hier mit Asbest, Cellulose und Kieselgur verrührt und danach in einer Zentrifuge und nachgeschaltetem Filter vom Ungelösten befreit. Die jetzt farblose, leicht opaleszierende Lösung wird in den Fällkessel I des sterilen Aufarbeitungsabschnittes gedrückt. Mit einem Handversuch wird ermittelt, welche Methanolkonzentration erforderlich ist, um durch das Ausfällen einer ersten Fraktion (*MG* $\sim$100000) die Opaleszenz zu beseitigen. Die gefundene Menge Methanol wird unter Rühren bei $18 \pm 1°$ eingeleitet. Die erste Fraktion fällt aus und wird als schleimige Masse abgezogen. Die verbleibende Lösung wird über ein Filter in den Fällkessel II gedrückt. Hier wird der Methanolgehalt so weit erhöht, daß das Dextran von einem Molekulargewicht um 75000 (klinischer Anteil) ausfällt. Die überstehende Lösung, die niedermolekulares Dextran und die Produkte der Fermentation, insbesondere Fructose enthält, wird abgezogen und zur Aufarbeitung (Destillation des Methanols, Gewinnung der Fructose) geleitet. Das ausgefällte klinische Dextran wird mit pyrogenfreiem Wasser gelöst und zur Entfernung der Eiweiße und Salze noch einmal umgefällt. In der Vakuumdestillation wird das Methanol abgetrieben, die Lösung auf 20% Dextrangehalt eingedampft und im Sprühtrockner getrocknet.

12.1.5. Gelenkte Synthese in wachsender Kultur von technischem Dextran (MG 500000)

Technische Dextrane von einem Molekulargewichtsbereich zwischen etwa mehreren Hunderttausend und mehreren Millionen sollen sich besonders als Spülhilfsmittel bei der Erdölbohrung eignen. Außerdem finden sie als Stabilisatoren für kolloidale Lösungen und Emulsionen, für die Herstellung von Derivaten und andere Zwecke Verwendung. Die Gewinnung durch partielle Hydrolyse von Nativdextran ist technisch außerordentlich schwierig, da in diesem Molekulargewichtsbereich die Abbaugeschwindigkeit so groß ist, daß der Abbruch der Hydrolyse mehr oder weniger unkontrolliert erfolgen muß. In der Literatur sind keine Verfahren beschrieben worden, die sich mit der Gewinnung derartiger Dextrane durch partielle Hydrolyse beschäftigen. Aussichtsreich erscheint die Gewinnung derartiger Dextrane durch eine gelenkte Synthese, die sowohl in wachsender Kultur als auch enzymatisch erfolgen kann. Die Forderung nach Preiswürdigkeit von technischen Dextranen gibt allerdings der Lenkung in wachsender Kultur den Vorrang.

Die Schwierigkeit einer Lenkung zu einem mittleren Molekulargewicht von ~1 Million liegt darin, daß wegen einer günstigen Volumenausbeute eine möglichst hohe Saccharosekonzentration, z. B. von 20% erwünscht ist, wodurch die erforderliche Menge an Starterdextran sehr klein wird und diese nicht mehr im optimalen Bereich liegt. Bei der genannten Saccharosekonzentration ist, um eine Lenkung zu einem mittleren Molekulargewicht von z. B. 500000 zu gewährleisten, eine Konzentration an Starterdextran (*MG* 30000) von nur 0,005% erforderlich. Dieses Verhältnis bedingt ein genaues Einhalten der Prinzipien der gelenkten Synthese in wachsender Kultur. Schon relativ geringe Dextranmengen, die als Verunreinigungen in nicht sorgfältig gereinigten Fermentationskesseln von der vorhergegangenen Synthese verbleiben, stören die Lenkung empfindlich.

Entsprechend erfolgt die Synthese analog der des klinischen Dextrans, die Aufarbeitung, mit oder ohne vorhergehende Fraktionierung analog der des Nativdextrans.

12.1.6. Gelenkte Synthese von hochmolekularem Nativdextran in wachsender Kultur

Die „gelenkte" Synthese von Nativdextran ist ein Sonderfall der gelenkten Synthese. Durch Verwendung einer für die gelenkte Synthese notwendigen akzeptorfreien Impflösung wird in einer Synthesekultur, die Saccharose und keine anderen Akzeptoren enthält (bei üblichen Salz- und Eiweißbestandteilen), sehr hochmolekulares Dextran gebildet.

12.2. Enzymatische Synthese von klinischem Dextran

Eine enzymatische Synthese setzt das Vorliegen eines Enzympräparates voraus, das im einfachsten Falle ein zellfreies Kulturfiltrat sein kann. Von der gelenkten Synthese in wachsender Kultur unterscheidet sich die enzymatische dadurch, daß in einem besonderen Fermentationsabschnitt dextranbildende Bakterien zum Zwecke der Produktion von Dextransucrase kultiviert und danach durch Zentrifugieren oder Filtrieren entfernt werden. Mit dieser Enzymlösung wird jetzt die gelenkte Synthese durch Zugabe von der berechneten Menge Saccharose, Starterdextran und Puffer zum Einstellen des pH-Optimums, durchgeführt.

Selbstverständlich lassen sich durch enzymatische Synthesen die gleichen Dextrane herstellen wie durch die Lenkung in wachsender Kultur.

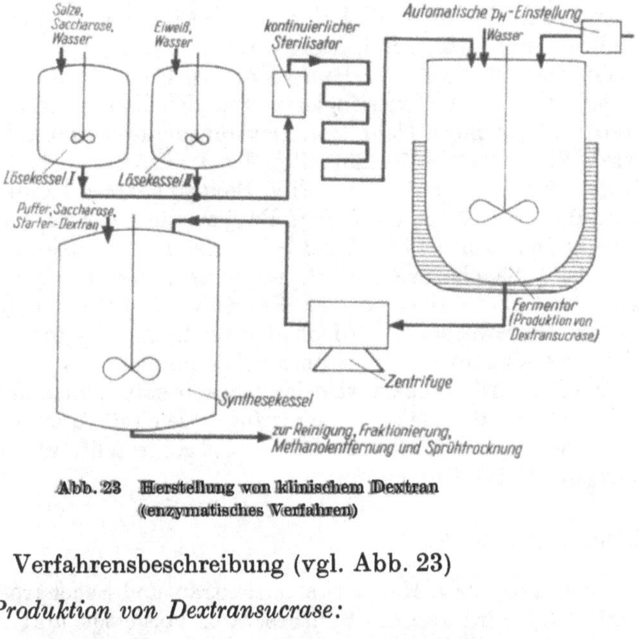

Abb. 23 Herstellung von klinischem Dextran (enzymatisches Verfahren)

Verfahrensbeschreibung (vgl. Abb. 23)

Produktion von Dextransucrase:

Die Syntheselösung hat folgende Zusammensetzung:

Saccharose	2 %
Hefeextrakt	0,5 %
Pepton	0,25%
K_2HPO_4	0,25%
pH (Ausgang)	7,4

Der Zucker- und Salzanteil werden gemeinsam durch kontinuierliche Sterilisation dem vorher sterilisierten

Fermentor zugeführt, danach der Eiweißanteil. Die Temperatur im Fermentor wird auf 25 °C gehalten und mit einer mit L. mesenteroides beimpften 12 Stunden alten Impfkultur, die die gleiche Zusammensetzung wie die Synthesekultur hat, im Verhältnis 1:10 beimpft. Der pH-Wert wird durch einen pH-Automaten für die ersten 6 Stunden der Fermentation auf 7 gehalten (NaOH). Danach fällt der pH innerhalb der nächsten 6 Stunden bis auf 5. Während der Synthese wird durch Rühren eine mäßige Belüftung erreicht.

Ist die Synthese beendet (pH 5), wird eine Probe gezogen, die durch Zentrifugieren von den Bakterien befreit und auf ihren Gehalt an Dextransucrase untersucht wird. Sie soll etwa 40 Einheiten Dextransucrase pro ml Kulturflüssigkeit enthalten. Eine Dextransucrase-Einheit wird definiert durch die Menge Enzym, die 1 mg Saccharose in Dextran bei 30 °C, pH 5 in einer Reaktionslösung von 10% Saccharose und $^1/_{20}$ m Acetatpuffer innerhalb 1 Stunde umwandelt. In der Praxis wird nicht das gebildete Dextran, sondern die in gleicher Menge freigesetzte Fructose als reduzierender Zucker bestimmt.

Die Kulturflüssigkeit wird jetzt durch eine kontinuierlich arbeitende Bakterienzentrifuge geleitet und die bakterienfreie Lösung auf pH 5 bis 5,2 eingestellt, um das Enzym zu stabilisieren.

Synthese des Dextrans:

Eine berechnete Menge Starterdextran und Saccharose (vgl. 7.1.) wird in dem Synthesetank vorgelegt und in wenig Wasser gelöst (etwa $^1/_{10}$ bis $^1/_5$ des Volumens der bakterienfreien, enzymhaltigen Kulturlösung) und unter Rühren das Zentrifugat zugegeben. Für die Synthese von klinischem Dextran (*MG* 75000) wurde folgendes Verhältnis angegeben:

25% Saccharose

2% Starterdextran (*MG* 20000).

Die Temperatur wird bei 25° gehalten. Eine besondere pH-Einstellung erübrigt sich, da der eingestellte pH-Wert von 5 bis 5,2 zur Stabilisierung des Enzyms in der Kulturlösung mit dem Aktivitätsoptimum identisch ist.

Die Aufarbeitung erfolgt in ähnlicher Weise, wie es unter 12.1.2. beschrieben wurde.

12.3. Synthese anderer Polysaccharide

Für Lävane wurden bisher nur Herstellungsverfahren für klinisches Lävan bekanntgegeben, die sich der für die Synthese von klinischem Dextran bewährten Prinzipien bedienen. Es ist auch unwahrscheinlich, daß Lävane für andere als klinische Anwendungsgebiete hergestellt werden, da dieses Polysaccharid relativ instabil ist und schon unter milden Bedingungen hydrolytisch zu Fructose gespalten wird.

Eine interessante Möglichkeit, reine Fructose aus Saccharose zu gewinnen, ergibt sich über die Lävansynthese. Der Fructoseanteil der Saccharose wird durch lävanbildende Bakterien polymerisiert und das so gebildete Lävan läßt sich dann leicht durch Umfällen mit Alkohol reinigen und hydrolytisch zu einer reinen Fructoselösung, z. B. für Injektionszwecke umwandeln.

Bei der Lävansynthese treten insofern Besonderheiten bzw. Schwierigkeiten auf, als eine leichte Belüftung notwendig ist und die Ausbeuten relativ niedrig sind. Um die für die Wirtschaftlichkeit notwendige hohe Volumenausbeute zu gewährleisten, wird bei einem Verfahren, ähnlich wie bei der enzymatischen Dextransynthese, zweistufig gearbeitet. Jedoch wird in der ersten Stufe nicht nur Lävansucrase produziert, sondern auch eine möglichst große Menge an Lävan. Das Lävan dient dann in der zweiten Stufe als Starter, die bei Lävansynthesen die Ausbeute merklich erhöhen. In der ersten Stufe wird eine Syntheselösung mit 15% Saccharose (übrige Bestandteile wie bei einer Dextransynthese) und einem

Ausgangs-pH 7,5 nach Beimpfung so lange unter Rühren belüftet (0,5 l Luft/min · l Kulturlösung), bis der pH auf 6 abgefallen ist, danach wird nur noch gerührt. Ist der pH-Wert auf 5 abgefallen, wird als zweite Stufe die Synthese durchgeführt, indem eine 50%ige Saccharoselösung ($^1/_2$ Volumen der ersten Stufe) zugegeben wird. Der pH steigt dadurch auf 5,5 an und fällt dann im Verlauf der Synthese bis auf etwa 5 ab. Die Volumenausbeute an Lävan beträgt 6—7%. Den Verlauf der zweistufigen Synthese zeigt Abb. 24.

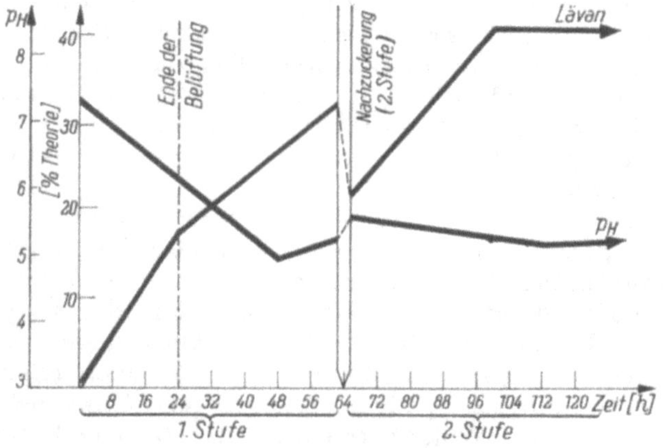

Abb. 24 Verlauf der zweistufigen Lävansynthese

Über die technische Herstellung der beiden anderen mikrobiellen Polysaccharide, das Phosphomannan und die Xanthomonas-Polysaccharide sind bisher nur Beschreibungen von Versuchsanlagen oder aus der Patentliteratur bekanntgeworden. Für beide wird als Ausgangsmaterial Glucose angegeben, die anderen Bestandteile der Kulturlösung entsprechen im wesentlichen denen einer Dextransynthese. Eine Belüftung ist notwendig. Ähnlich wie bei der Dextransynthese fällt der pH während der Synthese. Bei der Xanthomonas-Polysaccharidsynthese wird der pH durch eine gesteuerte Dosierung von Sodalösung auf 6 bis 7,5 gehalten. Interessant ist hierbei, daß das Xanthomonas-Polysaccharid in der Kulturlösung nach Ansäuern mit Salzsäure mit Formaldehyd vernetzt wird.

13. Verwendungsmöglichkeiten für Dextran

Die noch weitaus wichtigste und wahrscheinlich auch noch mengenmäßig bedeutendste Anwendung finden die Dextrane in der Pharmazie als Plasmaexpander. Die Herstellung und die klinische Testung gehen auf die Schweden Ingelman und Grönwall zurück, von denen auch die Festlegung des noch heute bevorzugten Molekulargewichts (um 100000) stammt.

Wasserlösliche Pflanzengummen und Eiweiße (Gelatine) wurden schon früher, zurückgehend auf den Ersten Weltkrieg, versuchsweise für die Volumenauffüllung bei Blut- und Flüssigkeitsverlusten eingesetzt. Bekanntgeworden ist das „gum saline“, eine kolloidale Aufschwemmung von Gummi arabicum in physiologischer Kochsalzlösung. Diese Präparate bewährten sich jedoch nicht. Klinisches Dextran, wenn es von Eiweißverbindungen befreit worden ist, genügt als neutrales Polysaccharid, das nur aus der von dem Organismus verwertbaren Glucose aufgebaut ist, weitgehend den Anforderungen der Kliniker.

Klinisches Dextran soll u. a. folgende Bedingungen erfüllen:

1. Es soll so lange im Kreislauf verbleiben, bis der Organismus die für die Aufrechterhaltung des kolloidosmotischen Druckes notwendigen Proteine (Albumine, Globuline) gebildet hat. Dextran von einem Molekulargewicht >50000 erfüllt diese Anforderungen auf

Grund der Molekülgröße, die eine schnelle Ausscheidung über die Nierenschranke verhindert und der Tatsache, daß es nur langsam vom Organismus abgebaut wird.

2. Die technische Herstellung soll reproduzierbar sein und von Charge zu Charge nur geringe Abweichungen des mittleren Molekulargewichts zulassen. Die Herstellung sowohl nach dem Verfahren der partiellen Hydrolyse in Verbindung mit der Fällungsfraktionierung als auch nach dem Verfahren der gelenkten Synthese ermöglicht es, ein Produkt von weitgehender Konstanz des mittleren Molekulargewichts zu gewinnen.
3. Es muß in physiologischer Kochsalzlösung Temperaturen bis zu 120° (Sterilisation) und längeren Lagerzeiten gegenüber stabil sein. Dextran als neutrales Polysaccharid erfüllt diese Forderungen.

Die viskositätserhöhenden und Emulsionen und kolloidale Lösungen stabilisierenden Eigenschaften, besonders der hochmolekularen Dextrane, führten zu zahlreichen Vorschlägen für eine entsprechende Anwendung in pharmazeutischen Präparationen, so in einer Öl-Wasser-Emulsion mit Glyceriden, wodurch Fette intravenös appliziert werden können. Im wesentlichen sind derartige Anwendungsformen lediglich ein mehr oder weniger brauchbarer Ersatz für andere Polysaccharide, insbesondere Pflanzengummen.

Eine spezifische Verwendung von Dextran soll als Zusatz zu wasserlöslichen Röntgenkontrastmitteln vorliegen. Ein z. B. 17,5%iger Zusatz eines Dextrans von klinischer Größe (*MG* 65000) soll nach Injektion des Präparates eine so langsame Diffusion bewirken, daß Röntgenaufnahmen in einer viel größeren Zeitspanne durchgeführt werden können.

Bei der Herstellung assimilierbarer chirurgischer Nähfäden aus tierischen mucosen Fasern soll ein Zusatz von Dextran diese zu einem glatteren Faden verkleben.

Eine nicht näher bezeichnete „kolloidale“ Bindungsform zwischen Dextran und Fe^{+++}-Salzen führt zu einem intramuskulär applizierbaren Eisen-Dextran-Präparat, das insbesondere in der Veterinärmedizin zur Behandlung der Ferkelanämie große Bedeutung erlangt hat.

In der Kosmetik können Dextrane in vielen Fällen die üblichen Cellulosederivate und Pflanzengummen ersetzen, wodurch insbesondere bei den letztgenannten Devisen eingespart werden können. Bei einigen Präparationen werden Dextran besondere Eigenschaften zugeschrieben. In Zahnpasten und Mundpflegemitteln sollen Zusätze von Dextran zu einer besseren Reinigungswirkung und zur Verringerung der Scheuerwirkung der Putzkörper führen. In Körperpudern erhöhen Zusätze von Dextran die Haftfähigkeit. Die nur bedingte Fähigkeit des menschlichen Organismus bzw. der Darmflora, 1,6-glucosidische Bindungen zu spalten, hat zu Vorschlägen geführt, Dextran als nicht- bzw. schwerassimilierbaren Füllstoff in Diätrezepturen zur Verminderung des Körpergewichts zu benutzen.

Für die Anwendung in der Nahrungsmittelindustrie gelten ähnliche Gesichtspunkte. Dextrane können in fast allen Fällen, wo man bisher andere Polysaccharide als Stabilisatoren von Emulsionen und Dispersionen und als Quellmittel benutzte, verwendet werden, so zur Verhinderung der Kristallisation von Saccharose in entsprechenden Füllungen, zur Vermeidung des Eintrocknens von Zucker- und Schokoladencremes usw. Für viele Anwendungen werden insbesondere die filmbildenden Eigenschaften des Dextrans ausgenutzt. So lassen sich Nahrungsmittel, wie Fleischwaren, Fisch-, Tiefkühlprodukte und Früchte mit einer schützenden Dextranschicht überziehen, indem sie mit einer Dextranlösung bestrichen oder in diese getaucht werden. Dadurch wird das Austrocknen, aber nicht der Gasaustausch verhindert. Derartige Schutzüberzüge sind abwaschbar oder können unbeschadet mit dem Nahrungsmittel konsumiert werden. Auch lassen sich in die Dextranlösung Antibiotika und andere Wirk- und Schutzstoffe einarbeiten, die dann gleichmäßig verteilt in der Schutzschicht ihre Wirkung entfalten. Ähnlich kann Saatgut behandelt werden, hier werden dann bevorzugt Fungizide und Insektizide eingearbeitet.

In der Textilindustrie kann Dextran anstelle von Stärke als Schlichte zum Schutz der Garne gegen mechanische Abtragung bei den Webevorgängen verwandt werden. Dextranschlichten haben den Vorteil, daß sie sich mit Wasser ablösen lassen, während Stärke erst durch Enzympräparate (Amylasen) abgebaut werden muß, um wasserlöslich zu werden. Bei der Ausrüstung von Zellwollgeweben kann Dextran Stärke oder Polyvinylderivate vorteilhaft ersetzen. In der Papierindustrie lassen sich Dextrane als Kleber und in Verbindung mit Kunstharzen zur Fabrikation von zerreißfesten oder wasserabweisenden Papieren bzw. Pappen verwenden. Bei der Erdölbohrung scheint Dextran zunehmende Bedeutung zu gewinnen. Der bei einer Bohrung anfallende Bohrschutt muß aus dem Bohrloch entfernt werden. Dies geschieht mit Hilfe einer Spülflüssigkeit, die im wesentlichen aus bestimmten Tonen und Schwerspat zusammengesetzt ist und dadurch eine sehr hohe Dichte erhält. Als kolloidaler Stabilisator (Schutzkolloid) für derartige Spülmittel kann vorteilhaft Dextran verwendet werden.

Die Aufzählung könnte noch weiter fortgesetzt werden. Die Beispiele dürften jedoch ausreichen, um aufzuzeigen, daß hinsichtlich seines Polysaccharidcharakters Dextran die bisher gebräuchlichen Polysaccharide meist ersetzen kann und daß es hinsichtlich seines Filmbildungsvermögens sehr spezielle Anwendungsmöglichkeiten besitzt.

Für das Phosphomannan und das Xanthomonas-Polysaccharid wurden die gleichen allgemeinen und spezifischen Anwendungsmöglichkeiten propagiert wie für das Dextran.

14. Dextranderivate

Bei der Besprechung der mikrobiellen Polysaccharidderivate müssen wir uns wiederum ausschließlich auf das Dextran beschränken. Prinzipiell bestehen jedoch hinsichtlich des Reaktionsvermögens keine bedeutsamen Unterschiede zwischen den einzelnen Polysacchariden. Aus Monosacchariden aufgebaut, sind die gleichen Reaktionen zu erwarten, die von diesen bekannt sind. Allerdings beschränken sich die Reaktionsmöglichkeiten auf die verbleibenden freien Hydroxylgruppen. Die reduzierende Endgruppe spielt, von spezifischen, meist analytisch ausgewerteten Reaktionen abgesehen (vgl. Analytik) wegen der Größe des Makromoleküls praktisch keine Rolle. In der Chemie der einfachen Zucker wird zwischen der Reaktivität der primären und der sekundären Hydroxylgruppe unterschieden. Primäre Hydroxylgruppen sind reaktionsfähiger als sekundäre. Besitzen Polysaccharide jedoch freie primäre Hydroxylgruppen, so wird bei diesen meist keine bevorzugte Reaktionsfähigkeit beobachtet. Auf Grund der gegenseitigen Beeinflussung der Makromoleküle in Lösung, tritt an den primären Hydroxylgruppen am stärksten Wasserstoffbrückenbildung ein, wodurch ihre Reaktivität abgeschwächt wird. Von den Hydroxylgruppen sind die der Carbonylgruppe benachbarten C-Atome wegen der größeren induzierten Acidität bei einigen Umsetzungen am reaktionsfähigsten. Wenn eine Umsetzung an der Hydroxylgruppe eines C-Atoms stattgefunden hat, sind die benachbarten wegen der sterischen Behinderung in ihrem Reaktionsvermögen gehemmt. Es wurde schon im Abschnitt über die Analytik der Polysaccharide darauf hingewiesen, daß eine Substitution aller freien Hydroxyle nur durch besondere Maßnahmen erreichbar ist. Dementsprechend werden für unverzweigte Polysaccharide (3 freie OH-Gruppen) die Substitutionsgrade technischer

Derivate immer kleiner als 3, meist zwischen 1 und 2 betragen. Die bei der Umsetzung von Cellulose notwendige Vorbehandlung, Überführung vom kristallinen in den reaktionsfähigeren amorphen Zustand, ist bei den hier zu besprechenden Polysacchariden nicht notwendig, da, wenn in wäßriger Lösung gearbeitet wird, deren gute Löslichkeit in Wasser alle Hydroxylgruppen den Reaktanten zugänglich macht.

Für die Herstellung von Dextranderivaten werden allgemein die gleichen Reaktionen benutzt, wie sie in der Cellulosechemie seit langem bekannt sind.

Es gibt zwei Hauptreaktionsarten:

die Veresterung und

die Verätherung

der freien Hydroxylgruppen. Weiter kennt man die Kondensation mit Aldehyden (Acetalisierung) und die Oxydation der Hydroxylgruppen.

14.1. Die Veresterung

Die Veresterung ist sowohl mit anorganischen als auch organischen Säuren beschrieben worden. Sie kann durch Substitutionsreaktionen mit Säuren, Säureanhydriden und Säurechloriden oder durch Additionsreaktionen mit Isocyanaten erfolgen. Bei der Verwendung von organischen Säuren oder Säureanhydriden als Veresterungskomponenten werden starke Säuren, wie Perchlorsäure oder Schwefelsäure, als Katalysator eingesetzt. Bei der Veresterung mit Hilfe von Säurechloriden dienen Basen, wie Natronlauge, Pyridin und Dimethylformamid, als Akzeptoren für die freigesetzte Salzsäure. Schwer zugängliche Ester können durch Umesterung hergestellt werden.

Tabelle 10 gibt eine Übersicht über einige Estertypen und einige ihrer Bildungsarten.

Tab. 10 Polysaccharidester

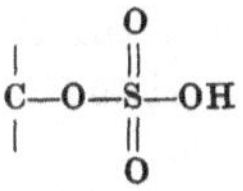	Teilester der Schwefelsäure	(Dextransulfat)
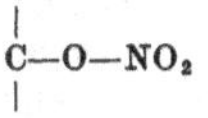	Ester der Salpetersäure	(Dextrannitrat)
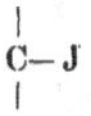	Ester der Jodwasserstoffsäure	(Jod-Dextran)
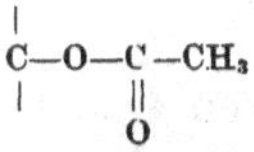	Ester der Essigsäure	(Acetyl-Dextran)
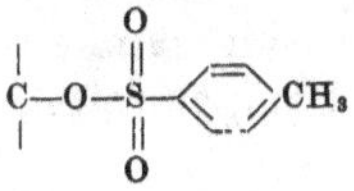	Ester der p-Toluolsulfonsäure	(Tosyl-Dextran)
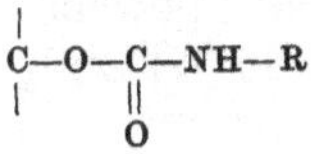	Carbaminsäure-Ester	(Urethane)

Arten der Esterbildung

Substitution

$$C{-}OH + Cl{-}C({=}O){-}R \text{ (Säurechlorid)} \rightarrow C{-}O{-}C({=}O){-}R + HCl$$

Addition

$$C{-}OH + O{=}C{=}N{-}R \text{ (Isocyanat)} \rightarrow C{-}O{-}C({=}O){-}NH{-}R$$

14.1.1. Anorganische Ester des Dextrans

Am bekanntesten ist der Schwefelsäurehalbester, das Dextransulfat, wegen seiner heparinoiden Eigenschaften geworden. Man erhält ihn durch Umsetzung von niedermolekularem Dextran mit Chlorsulfonsäure in Pyridin. Als Zwischenprodukt bilden sich dabei Pyridiniumsalze der Chlorsulfonsäure, die die Veresterung vermitteln. Dextransulfat muß sorgfältig gereinigt werden, da sonst durch das als Nebenprodukt anfallende Glucosesulfat die Autohydrolyse sowohl der Ester- als auch glykosidischen Bindungen angeregt wird.

Die zur Verhinderung der Blutkoagulation vorgeschlagenen Dextransulfate sollen ein Molekulargewicht von etwa 7500 und einen Schwefelgehalt von nicht mehr als 16 bis 17% besitzen, damit die Toxizität, die wie die Wirksamkeit proportional dem Schwefelgehalt ist, sich noch nicht schädlich auswirken kann. Neuerdings wurden Dextransulfate mit geringerem Schwefelgehalt, um die Toxizität zu eliminieren und einem bestimmten Gehalt an ätherartig gebundenen Carboxylgruppen (Carboxymethyldextransulfat), um den Verlust der Wirksamkeit durch den geringeren Schwefelgehalt zu kompensieren, vorgeschlagen.

Die Ester der Phosphorsäure besitzen ebenfalls pharmazeutische Bedeutung. Sie sollen antilipämische Wirkung besitzen. Ihre Darstellung gelingt durch Umsetzung von Dextran mit Phosphoroxychlorid in Natronlauge oder Pyridin. Dabei entstehen, je nach den Veresterungsbedingungen, Teil- oder Vollester bzw. Gemische. Die höheren Veresterungsstufen der Phosphorsäure führen zu vernetzten Produkten, die sich im Gegensatz zu dem Drittelester in Wasser nicht mehr lösen, sondern nur noch quellen.

Dextrannitrate entstehen durch Umsetzung von Dextran mit Nitriersäure. Sie sind in organischen Lösungsmitteln, nicht aber in Wasser löslich. Analog dem Cellulosenitrat müssen sie stabilisiert werden, da sonst Autohydrolyse einsetzt. Sie sollen als Wursthüllen verwendbar sein.

Ester der Halogenwasserstoffsäuren sind durch Chlordextran und Joddextran bekanntgeworden. Chlordextran wird unter Anwendung von Thionylchlorid gewonnen. Dabei finden jedoch Zersetzungen des Dextrans statt. Es ist daher technisch ohne Bedeutung. Dagegen besitzt das Joddextran Interesse als Röntgenkontrastmittel in der Röntgenographie bestimmter Organe. Es wird z. B. durch Umsetzung von Tosyldextran mit Natriumjodid gebildet. Es löst sich in Ketonen, nicht aber in Wasser.

14.1.2. Organische Ester des Dextrans

Durch Umsetzung mit Eisessig oder Essigsäureanhydrid in Gegenwart von starken Mineralsäuren, z. B. Phosphorsäure bzw. mit Acetylchlorid in Gegenwart von Pyridin werden acetylierte Dextrane gewonnen. Vor der Einführung der vollkommenen Methylierung war die Acetylierung eine häufig benutzte Methode zur Strukturuntersuchung. Im Gegensatz zu den Acetylcellulosen haben die entsprechenden Dextranderivate keinerlei technische Bedeutung erlangt.

Die Veresterung mit höheren Fettsäuren, z. B. Stearinsäure, die in Chloressigsäure und Anwesenheit von Perchlorsäure gelingt, führt zu wachsartigen Produkten, die als formgebendes Element für kosmetische und pharmazeutische Präparate (Zäpfchen, Stifte) vorgeschlagen wurden. Ester von Fettsäuren mit einer Kohlenstoffzahl zwischen 8 und 18 eignen sich für die Hydrophobierung von Garnen, Textilien und Papier. Weitere Anwendungen liegen im Korrosionsschutz, z. B. Zusatz zu Schmierölen und Schutzüberzügen. Andere Veresterungsmethoden, die zu wasserlöslichen Produkten führen, sehen den Zusatz von Xylol vor, worin der entstehende Dextranester mehr oder weniger löslich ist.

Mit Maleinsäureanhydrid wird eine Veresterung von niedermolekularem Dextran, in heißem Glycerin gelöst, erreicht. Der Ester ergibt mit einem Harnstoff-Formaldehyd-Butanol-Kondensat eine plastische Masse, das als Imprägnierungsmittel für Papiere geeignet ist.

Von den Estern aromatischer Säuren haben analog der Cellulosechemie die Mesyl- und Tosylester Bedeutung als Zwischenprodukte für die Herstellung schwer zugänglicher Ester. Man erhält sie durch Umsetzung von Mesitylen- bzw. p-Toluolsulfochlorid mit Dextran in Pyridin oder Natronlauge.

Die von der Cellulose her bekannte Reaktion zur Bildung der Xanthogenate wurde auch auf Dextran angewandt. Sie entstehen leicht bei Einwirkung von Schwefelkohlenstoff auf eine natronalkalische Dextranlösung. Dextranxanthogenate sind wasserunlöslich und haben gute Klebeeigenschaften. Sie werden zur Verbindung fibröser Materialien bei gleichzeitiger Erhöhung der Naßfestigkeit empfohlen.

Die Reaktion mit substituiertem Harnstoff oder Isocyanaten zu den Carbamaten wurde mit Dextran durchgeführt. Eine mögliche praktische Anwendung haben derartige Reaktionen bei der Ausrüstung von Textilien auf der Basis von Regeneratcellulose. Carbamidharzausrüstungen bei Mitverwendung von Polysacchariden zeichnen sich durch gute Griffigkeit der Gewebe und im Falle von Dextran als Zusatz durch erhöhte Scheuerfestigkeit aus.

Aminoester lassen sich mit sauren Wollfarbstoffen färben und können dementsprechend als farbgebende Komponente Plasten zugemischt werden.

14.2. Die Verätherung

Die Hydroxyle der Polysaccharide lassen sich leicht durch Alkylsulfate und Alkylchloride unter Säureabspaltung, mit Vinylderivaten durch Aufrichtung der Doppelbindung und durch Addition von Epoxyverbindungen unter Lösen der Ringstruktur veräthern. Entsprechend dieser Reaktionsmöglichkeiten kann man eine Vielzahl von Dextranäthern herstellen, von denen aber nur wenige für technische Anwendungen beschrieben wurden.

Tabelle 11 gibt eine Übersicht über einige wichtige Äther und die Möglichkeiten der Herstellung.

Tab. 11 Polysaccharidäther

$\mathrm{C{-}O{-}CH_3}$	Methyläther
$\mathrm{C{-}O{-}CH_2{-}COOH}$	Carboxymethyläther

Arten der Ätherbildung

Substitution

$$\mathrm{C{-}OH + Cl{-}CH_2{-}R \rightarrow C{-}O{-}CH_2{-}R + HCl}$$

Addition

$$\mathrm{C{-}OH + H_2C{=}CH{-}R \rightarrow C{-}O{-}CH_2{-}CH_2{-}R}$$

$$\mathrm{C{-}OH + \underbrace{CH_2{-}CH}_{O}{-}R \rightarrow C{-}O{-}CH_2{-}CH(OH){-}R}$$

Die Verätherung mit Alkylchloriden in alkalischem Medium führt zu wasserunlöslichen Produkten, für die vielfältige Anwendungen vorgeschlagen wurden. Methyläther haben bei vollständiger Methylierung in neuerer Zeit für die Aufklärung der Struktur Bedeutung erlangt. Äthyläther und Benzyläther eignen sich als Imprägnierungsmittel für Garne und Gewebe. Benzyldextran mit Dibutylphthalat als Weichmacher kann zu Fäden ausgezogen werden. Eine Mischung von Benzyläther mit einem Dextranester einer langkettigen Fettsäure kann als Lackbasis dienen. Ähnlich können gemischte Äther verwandt werden. Ein Butyl-Benzyl-Dextran bildet harzförmige Massen.

Besondere Beachtung fanden die Carboxymethyldextrane. Sie werden durch Umsetzung von Dextran in alkalischer Lösung mit (Natrium) Chloressigsäure hergestellt. Für sie wurden ähnliche Anwendungen wie für Carboxymethylcellulose vorgeschlagen, so als Stabilisator von Emulsionen, Dispersionen und Schäumen

Mit bivalenten Verätherungskomponenten, wie Epichlorhydrin, erhält man vernetzte Produkte, die sich durch ein hohes Quellvermögen auszeichnen. Das zur Gelfiltration verwendete Sephadex ist ein Vernetzungsprodukt von Dextran und Epichlorhydrin. Durch die Variation der Kettenlänge und des Vernetzungsgrades erhielt man Produkte, die in Wasser quellen und bestimmte Porengrößen im Vernetzungsgitter aufweisen. Dadurch ist es möglich, Makromoleküle unterschiedlicher Größen an Sephadexsäulen zu trennen. Die Produkte wirken wie ein Molekularsieb und lassen (entsprechend der Porengröße) die kleineren Moleküle in das Gel diffundieren, während die größeren mit dem Lösungsmittel durch die Säule laufen. Anfänglich nur für Eiweißtrennungen benutzt, können heute zahlreiche analytische und präparative Probleme mit dem Molekularsieb auf Dextranbasis gelöst werden, so die Entsalzung von Eiweißlösungen, Trennung von Enzymen, Fraktionierung von Eiweißabbauprodukten usw.

14.3. Kondensationsprodukte mit Aldehyden (Acetalisierung)

Mit Aldehyden reagiert Dextran wie andere Polysaccharide unter Bildung der entsprechenden Acetale.

Dabei kann es sowohl zur vollständigen Verknüpfung mit den beiden Acetalhydroxylen kommen als auch zu einer nur teilweisen (Halbacetalbildung). Im ersten Falle verknüpft der Aldehyd, z. B. Formaldehyd im Sinne einer Kondensationsreaktion zwei Dextranketten miteinander.

$$\overset{|}{\underset{|}{C}}{-}O{-}CH_2{-}O{-}\overset{|}{\underset{|}{C}}$$

Im zweiten Falle lassen sich durch unvollkommene Umsetzungen sog. Vorkondensationsprodukte herstellen, die dann bei entsprechenden Reaktionsbedingungen eine Verknüpfung des vorkondensierten Dextranproduktes mit einem anderen Polysaccharid, Cellulose z. B., ermöglichen.

Dextrankondensationsprodukte mit Formaldehyd oder Acetaldehyd führen zu einer Vernetzung der Ketten und somit zu einer Erhöhung der Viskosität, wobei es auch zur Bildung von Gelen kommen kann. Die Vernetzung mit Formaldehyd direkt in der Kulturlösung wurde vorgeschlagen, um die Viskositätseigenschaften zu verbessern. Derartige Produkte können unmittelbar als Schutzkolloid für Bohrspülungen benutzt werden. Mit Formaldehyd oder Acetaldehyd vernetzte gereinigte Dextrane können als Stabilisator oder Verdicker in der Lebensmittelindustrie eingesetzt werden.

Vorkondensationsprodukte schlug man vor allem für die Herstellung von Wellpappen als Kleber vor. Anstelle von Dextran kann hier auch Carboxymethyldextran benutzt werden.

14.4. Die Oxydation der Hydroxylgruppen

Die Oxydation von Zuckern ist am Beispiel der Perjodatoxydation von α-Glycolgruppen als sog. MALAPRADE-Oxydation eingehend untersucht worden. Zwei benachbarte Hydroxyle werden durch Perjodat zu dem entsprechenden Dialdehyd oxydiert (vgl. Analytik).

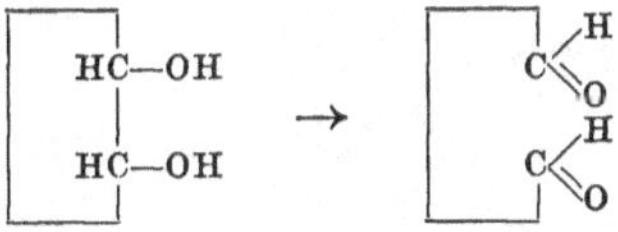

Dieser Dialdehyd steht in wäßriger Lösung im Gleichgewicht mit dem Hemialdal

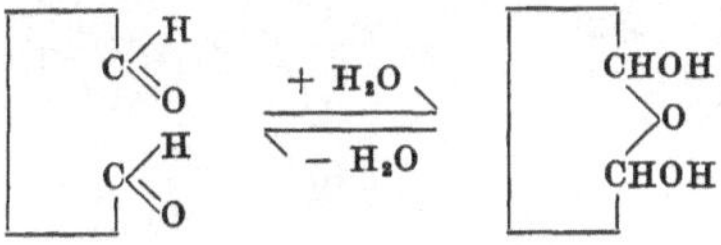

Technisch erfolgt die Oxydation zu Dialdehyden bei der Stärke zur sog. Oxystärke nach einem neuen Verfahren durch elektrolytisch regenerierte Perjodsäure. Bei der bekannten Hypochloridoxydation werden die Aldehyde zu Carboxylen weiter oxydiert. Aldehyd-Dextrane bzw. oxydierte Dextrane wurden hergestellt und sollen als Vehikel für basische Therapeutika geeignet sein.

Eine Übersicht über die in der Patentliteratur angegebenen Anwendungsmöglichkeiten von Dextran und Dextranderivaten gibt Tabelle 12. In der Tabelle konnten nur die Patente Berücksichtigung finden, die in den Chemical Abstracts zitiert wurden. Patente, die die Synthese von Dextran und die Herstellung von klinischem Dextran (Plasmaexpander) beinhalten, wurden nicht aufgeführt.

Tab. 12 Übersicht über die Anwendungsmöglichkeiten von Dextran und Dextranderivaten auf Grund erteilter Patente. (Die Herstellung von Dextran und die Verwendung als klinisches Dextran wurde nicht berücksichtigt)

Patentnummer	Erteilungsjahr	Chemische Kennzeichnung	Anwendungsgebiet
Schwed. 118014	1947	Schwefelsäureester	Als Heparinoid
USA 2503622, −3, −4	1950	Aryl- oder Alkyläther	Mit Ölen mit konjugierten Doppelbindungen für Überzüge über Papier, Textilien u. a. flexible Materialien
USA 2624768	1953	Dextran	Mit Alkydharzen für Trennplatten in elektrischen Batterien
USA 2674517	1954	Kondensationsprodukte mit Formaldehyd und Harnstoff	Zur Herstellung von Fäden
USA 2674584	1954	,,	Für versprühbare Überzüge
USA 2677645	1954	Dextran	In injizierbaren Kontrastmitteln zur Verringerung der Diffusionsgeschwindigkeit
USA 2702231	1955	Äther, insbes. Benzyläther	In Verbindung mit Nitrocellulose zur Herstellung von Fäden und Garnen
USA 2706690	1955	Benzyläther	Zum Imprägnieren von Baumwollgarnen
USA 2725303	1956	Dextran	Pigmentiertes Dextran
USA 2731015	1956	Kondensationsprodukt mit Formaldehyd	Zur Herstellung von chirurgischen Schwämmen
USA 2731369	1956	Benzyläther	Als Überzug über Baumwollgeweben zur Erhöhung der Widerstandsfähigkeit (Treibriemen)
USA 2731349	1956	Dextran	Zur Herstellung eßbarer Behälter
USA 2733236	1956	Azofarben	Zur Färbung von Fasern und Pigmenten
USA 2734005	1956	Ester der höheren Fettsäuren	Zur wasserdichten Imprägnierung von Textilien
USA 2734006	1956	,,	Zum Glätten von Garnen
USA 2734828	1956	Benzyläther	Zur Herstellung wasserabstoßender Lacke
USA 2736652	1956	Xanthogenate	Zur Verbindung von Cellulosefasern zu filzartigen Geweben

Tab. 12 (Fortsetzung)

Patentnummer	Erteilungsjahr	Chemische Kennzeichnung	Anwendungsgebiet
USA 2736710	1956	Dextran	Als Zusatz zu Lack- und Farbentfernern
USA 2746886	1956	Alkyl- oder Aralkyläther	Zum Imprägnieren von Baumwollgeweben, um konstante Fadenlänge bei unterschiedlicher Feuchtigkeit zu erreichen
USA 2756156	1956	Ester gesättigter Fettsäuren (C_8-C_{18})	Als hydrophobe Korrosionsinhibitoren in Mineralölen
USA 2756160	1956	Dextran	Als Schlichte
USA 2758926	1956	Dextran oder Carboxymethyldextran	Zur Schaumstabilisierung in Getränken
USA 2758929, –30	1956	Dextran	Zum Konservieren von Krabben
USA 2764843	1956	Dextran	Als schützender, quellbarer Überzug für Sämereien
USA 2766143	1956	Stearin- oder Palmitinsäureester	Mit Regeneratcellulose zur Herstellung wasserfester Papiere
USA 2768913	1956	Dextran	Zur Herstellung von Zigarettenfiltern
Brit. 761061	1956	Saure Ester	Als ACTH-Präparat mit Depotwirkung
USA 2748774	1957	Dextran	Als Zusatz zu Collagen bei der Herstellung chirurgischer Nähfäden
USA 2768097	1957	Xanthogenat	In Cellulosegeweben zur Verringerung der Feuchtigkeitsaufnahme; in Reifencord zur Erhöhung der Haftfestigkeit des Gummis
USA 2778753	1957	Carboxymethyldextran	Zur Herstellung von Tabakblättern aus Tabakstaub
USA 2779708	1957	Dextran	In Zahnpasten zur Erhöhung der Reinigungswirkung
USA 2785977	1957	Carboxymethyldextran	Als löslicher Überzug über Glutamatkristalle
USA 2786011	1957	Carboxymethyldextran	Zum Stabilisieren konzentrierter Lösungen von Pestiziden
USA 2786767	1957	Carboxymethyldextran	Als Zusatz zu getrockneten, pulverförmigen Nahrungs- und Genußmitteln, um die Wiederauflösung zu erleichtern

USA 2786786	1957	Palmitinsäureester	Zur Erzeugung wasserfester Papiere
USA 2787518	1957	Dextran in BF_3-Lösung	Zum Spinnen von Fäden; zum Imprägnieren von Papier zur Erhöhung der Naßfestigkeit
USA 2789915	1957	Benzyläther	Mit z. B. Dibutylphthalat als Weichmacher zur Herstellung chirurgischer Nähfäden
USA 2790720	1957	Dextran	Als Schutzschicht (ggfs. mit Antibiotika) für Lebensmittel vor der Tiefkühlung
USA 2790721	1957	Dextran	Als eßbare Schutzhülle über Lebensmittel
USA 2806787	1957	Dextran-Formaldehyd-Vorkondensat	Zur Herstellung von Wellpappen
USA 2808405	1957	Acetylierte Aminosäureester des Dextrans bzw. des Carboxymethyldextrans	Zur Herstellung von Plasten, die dadurch mit sauren Wollfarbstoffen anfärbbar sind
USA 2809176	1957	Dextranpolyester	Mit Harnstoff-Formaldehyd zur Herstellung von Plasten
USA 2811516, –7	1957	Jod-Dextran bzw. -carboxymethyldextran	Als Röntgenkontrastmittel
USA 2813797	1957	Carboxymethyldextran	Zum Eindicken von Fruchtsirups
USA 2817592	1957	Salpetersäureester	Zur Herstellung von eßbaren bzw. abwaschbaren Wurstdärmen
USA 2818343	1957	Carboxymethyldextran	Als Grundstoff für Puddingpulver
USA 2818396	1957	Dextran	Polyester modifiziert mit Dextran und Fettsäuren erhalten thermoplastische Eigenschaften
Dän. 84196	1958	Aminoalkoholäther	Für Insulinpräparate mit Depotwirkung
Dän. 84923	1958	Co^{+++}-Komplex	Als Injektionspräparat
Dän. 84963	1958	Aminoalkoholäther	Für adrenocorticotrophische Hormonpräparate mit Depotwirkung
DBR 1030487	1958	Dextran	Zur Herstellung von Klebepapier, das im trockenen Zustand nicht klebt

Tab. 12 (Fortsetzung)

Patentnummer	Erteilungs-jahr	Chemische Kennzeichnung	Anwendungsgebiet
Pol. 40968	1958	Dextran	Zum Stabilisieren wäßriger Lösungen wasserunlöslicher Vitamine
Brit. 800484	1958	Phosphorsäureester	Präparat mit antilipämischer Wirkung
USA 2820740	1958	Fe^{+++}-Komplex	Als Injektionspräparat für die Eisentherapie
USA 2822643	1958	Dextran	Als Bodenverbesserer
USA 2823128	1958	Dextran	Als Stabilisator für Speiseeis
USA 2823135	1958	Dextran	Zur Herstellung von Beton mit geringer Wasserabgabe
USA 2823188	1958	Dextran	Nach Reaktion mit unges. Polycarboxysäuren und Polyalkoholen werden plastische Massen erhalten
USA 2826006	1958	Dextran	Mit gleichen Teilen Kunstdünger versetzt als Bodenverbesserer
USA 2826557	1958	Dextran und sein Benzyläther	Als Füllmittel für Polyester
USA 2834684	1958	Carboxymethyldextran	Als Stabilisator für gefrorene Milchprodukte (Speiseeis)
USA 2843553	1958	Dextran-modifizierte Polyester	Mit organometallischen Komplexen für die Herstellung spezifischer Plaste
USA 2847385	1958	Carboxymethyldextran	Mit Detergenzien als Schaumreiniger
USA 2850398	1958	Dextran	In Verbindung mit Knochenleim als Klebemittel
USA 2853414	1958	Kolloidale quatern. Ammoniumsalz-Schwermetallkomplexe	Als Schutzfilm mit bakteriziden und fungiziden Eigenschaften
USA 2854421	1958	Carboxymethyldextran	Zur Stabilisierung wäßriger Emulsionen von Farben und Latex
USA 2855925	1958	Dextran	In Mischungen mit Glycerin, Formamid und Äthylenglykol als Zugpflaster

USA 2856366	1958	Carboxymethyldextran	Als Stabilisator für Lösungen von Oxyden mehrwertiger Metalle
USA 2856372	1958	Carboxymethyldextran	Zur Stabilisierung von Latex
USA 2856398	1958	Carboxymethyldextran-Fe^{+++}	Als Bodenverbesserer
USA 2857367	1958	Dextran	In Polymerisationsprozessen als primäres Dispersionsmittel
USA 2862920	1958	Carboxymethyldextran-Fe^{+++}	Als Bodenverbesserer
USA 2864707	1958	Dextran	Als Schutzüberzug über getrocknete Nahrungs- und Genußmittel, insbesondere Getränkekonzentrate
USA 2868725	1958	Kondensationsprodukte mit Aldehyden	In Bohrspülmitteln mit Versiegelungsagenzien
Jap. 5598	1959	Kolloidale Lösungen von Metallen und Dextran	Als Injektionspräparat
CSSR 90794	1959	Oxydiertes, sog. Aldehyd-Dextran	Als Träger für Pharmazeutika mit reaktiven NH_2-Gruppen (Depotwirkung)
CSSR 90981	1959	Ester anorganischer Säuren	Als Träger für basische Therapeutika (parenterale Applikation)
Brit. 818750	1959	Carboxymethyldextran	Zur Dispergierung wasserunlösl. Farbstoffe in Wasser
USA 2876102	1959	Carboxymethyldextran	Als Stabilisator für Schokoladencremes, Konfekt u. ä.
USA 2876165	1959	Na^{+}-, Mg^{++}-, Ca^{++}-Salze des Carboxymethyldextrans	Als Körperpuder
USA 2880105	1959	Dextran	Für die Ausrüstung von Textilien
USA 2885373	1959	Dextran	Zur Modifikation von Polyestern
USA 2887414	1959	Dextran	Zur Herstellung von Tabakblättern aus Tabakstaub
USA 2893987	1959	Formaldehydkondensationsprodukte	In der Parfümerie
USA 2901864	1959	Dextran	Als Bodenverbesserer zur Erosionsverhütung
USA 2902378	1959	Carboxymethyldextran	Als Zusatz zu Zement bei Erdölbohrungen
USA 2908614	1959	Dextran	Als Zusatz bei Gefriertrocknungen

Tab. 12 (Fortsetzung)

Patentnummer	Erteilungsjahr	Chemische Kennzeichnung	Anwendungsgebiet
USA 2910384	1959	Gemischte Äther – Ester (Benzyläther u. Ester höherer Fettsäuren)	Als Zusatz zu Xanthogenatcellulose (während Reifung) zur Verringerung der Feuchtigkeitsaufnahme
USA 2914415	1959	Benzyläther	Zur Herstellung chirurgischer Nähfäden
USA 2921846	1960	Salpetersäureester bzw. Mischester (HNO_3 u. H_2SO_4)	Als Zusatz zu Treibstoffen auf Nitroparaffinbasis, um feste Produkte zu erzielen
USA 2933403	1960	Dextran	Zur Herstellung von Druckpasten für Textilien, Leder, Papier usw.
USA 2933405, –07	1960	Dextran	Mit Sulfitablaugen bzw. Dextrin als Klebstoff
USA 2933411	1960	Ester höherer Fettsäuren (C_{14-18})	Als Zusatz zu chemischen Reinigungsbädern, um gleichzeitig wasserabweisende Imprägnierung der Textilien zu erreichen
USA 2933463	1960	Dextranmodifizierte Polyester	Mit Diisocyanaten werden plastische Substanzen erhalten
USA 2938797	1960	Dextran	Als Zusatz zu Kaugummi
USA 2938798	1960	Dextran	Als Stabilisator für Cremes, Tortenfüllungen usw.
USA 2938799	1960	Dextran, Hydroxyäthyldextran	Zur Herstellung von Puddingpulver
USA 2942974	1960	Dextran	Zur Herstellung lichtempfindlicher Papiere für Reservagedrucke

Zusammenfassende Darstellungen in der Literatur

HEHRE, E.: „Enzymatic Synthesis of Polysaccharides" in Advances in Enzymology, **XI** (1951), 297.

SQUIRE, I.: „Dextran. Its Properties and Use in Medicine", Springfield, (1955).

JEANES, A.: „Dextran, A Selected Bibliography", US Dept. Agr. Bur. Agr. Ind. Chem. A 16–288, (1950).

NEELY, W. B.: „Dextran, Structure and Syntheses" in Advances in Carbohydrate Chemistry **15** (1960), 341.

TSUCHIYA, H. M.: „Dextransucrase", Bull. Soc. Chim. Biol., **42** (1960).

PATAT, F.: „Zur kinetischen Analyse von Enzymreaktionen – Die Bildung der Dextransucrase" in Dechema-Monographien, **29** (1957), 197.

EBERT, K., PATAT, F.: Z. Naturf. **17b** (1962), 738.

LEIBNITZ, E., BEHRENS, U., RINGPFEIL, M.: „Eine neue gelenkte biologische Synthese des Dextrans", Sitzungsberichte der DAW zu Berlin, Klasse für Chemie, Geologie und Biologie, 1960, Nr. 1.

PRESCOTT, S., DUNN, C.: „Dextrans" in Industrial Microbiology, S. 370, (1959).

WHISTLER, R., MILLER, I.: „Industrial Gums", (1959).

Sachverzeichnis

Abbaugrad 34
Acetobacter spez. 12, 13, 32
Acetylcellulose 9
Adenosintriphosphat 40
Aerobacter lävanicum 12, 33
Agar-Agar 7, 9
Agrobacterium tumefaciens 13
Akzeptormolekül 43, 53ff.
Aldehyddextrane 144
Alginate 7, 8, 26, 28
Amylopektin 6, 8, 18, 19, 69
Amylose 6, 8, 16, 17, 19
Araban 6
Arabinose 7
Arabischer Gummi 7, 8, 131
Arthrobacter spez. 33
Aspergillus spez. 33, 75
Ascococcus mesenteroides 30
Ausfällung 24, 26, 39, 77, 79, 85, 86, 115ff., 124
Aussalzen 24

Bacillus spez. 12, 32, 33
Bacteroides spez. 75

Bacterium spez. 33
Baustein 12, 14, 16, 17, 19, 68, 107, 108, 110
Betabacterium vermiformé 12
Betacoccus arabinosaceous 12, 82
Bindung, energiereiche 41
—, glucosidische, s. u. Bindung, glykosidische
—, glykosidische 14ff., 18, 32, 110 133, 138,
Blutplasmaexpander s. u. „Plasmaexpander"

Carboxymethylcellulose 6, 9
Carboxymethyldextran 141
Carboxymethyldextransulfat 138
Carrageen 7, 9, 26
Chitin 7, 27
Chlordextran 138
Cellobiose 55
Cellulose 5, 9, 16, 17, 19, 28, 29, 30
Cellvibrio fulva 75
Corynebacterium spez. 33
Cyanhydrierung 92

Dematium pullulans 13
Dextran 10, 12, 18, 19, 20, 28, 30ff., 39, 54, 65, 69, 78, 81ff., 88, 103, 106, 108, 112ff.
—, Acetalisierung 142ff.
—, Acetylierung 139
—, Additionsreaktionen mit 136ff.
—, Antigen-Antikörperreaktion 86
—, Anwendung 131ff., 145ff.
—, Bestimmung 87ff.
—, hochmolekulares 57, 58, 66, 67, 83, 113, 126
Dextran, klinisches 31, 32, 83, 105, 113, 118ff., 131, 132
—, natives 28, 113ff., 125, 126
—, niedermolekulares 57, 58, 65, 66
—, optische Drehung 88, 111, 112
—, Oxydation 143ff.
—, Substitutionsreaktionen mit 135, 137, 141
—, technische Gewinnung 112ff.
—, technisches 38, 113ff., 119, 125
—, Verätherung 140ff.
—, Veresterung 136ff.
Dextranäther 140ff.
Dextranasen 33, 75
Dextranderivate 66, 135ff., 145ff.
Dextran-Dextrinase 12
Dextranester 136ff.
Dextrankondensationsprodukte 142ff.
Dextrannitrat 138
Dextransaccharase s. u. „Dextransucrase"
Dextransucrase 12, 31, 45ff., 49, 126ff.
Dextransulfat 137, 138
Dextransynthese 11, 31, 32, 35, 36ff., 41ff., 48, 49ff., 53ff., 59, 60, 66, 83, 112ff.
—, enzymatische 112, 113, 128ff.
—, gelenkte 66, 113, 122, 125ff., 128
—, Nährlösungen 87, 116, 124
Dextrantetramminkupfer-Komplex 111
Dextranxanthogenat 140
Dextrin 6, 8, 28
Donatormolekül 43, 53, 54, 60, 122

Eisendextran 133
Enzym, adaptatives 39
Enzymreaktionen bei der Dextransynthese 60ff.

Fällung s. u. Ausfällung
Fällungsmittelkonzentration, kritische 81
Fermentation, schleimige 30
Filmbildung 34
Fraktionierung 25, 76ff., 101ff., 119, 121, 123
Fructosan 12, 32
Fructose 12, 37, 42, 54, 55, 59, 63, 70, 124, 129
Froschlaich 29

Galaktan 6
Galaktose 7, 35, 55, 56
Galakturonsäure 6
Gatto 7
Gelbildung 21, 26, 34, 143
Gelphase 77, 81, 102, 104
Glucosan 6, 12
Glucose 12, 13, 34, 35, 36, 55ff., 63, 67, 70
Glucuronsäure 7, 13, 26, 34
Glycolspaltung 107
Glykogen 5
Glykoside 15
Guar 7, 8

Hansenula holstii 11, 13, 34
Hydrolyse 28, 64, 83, 84, 111, 113, 118ff., 122
—, enzymatische 74ff., 111
—, partielle 69ff., 118ff.

Impfkultur 117, 122, 123, 128
Inherent viscosity 97
Intrinsic viscosity 97
Isomaltose 55, 57, 111
Isomaltotriose 57, 111

Joddextran 138

Kapselpolysaccharide 35
Kettenabbruch 53, 62
Kettenendenbindung 69ff.
Kettenlänge s. u. Polymerisationsgrad
Kettenpolymerisation 53
Kettenstart 53, 56, 62
Kondensationspolymerisation 52, 53, 83

Lactobacteriaceae 36
Lactobacillus bifidus 75
Lactose 55
Lävan 10, 12, 32, 33, 35, 41, 64, 69, 70, 88, 129, 130
Lävanase 33
Lävansaccharase s. Lävansucrase
Lävansucrase 12, 33, 129
Leuconostoc dextranicum 13, 31, 32, 35
— *mesenteroides* 10, 12, 30, 31, 32, 35, 39, 82, 128
Leucrose 37ff., 55, 59
Lichtstreuung 93, 94
Lösefraktionierung 102
Lösungen, polydisperse s. u. Polymolekularität

Malaprade Oxydation 143
Maltose 16, 55, 60
Mannan 34
Mannit 37ff.
Mannose 7, 13, 34, 54
Mannosephosphat 13
Mannuronsäure 7
Massenverteilung 100, 103, 104
Methanol 79, 118, 120, 124
Methanolyse 107
Methylcellulose 6, 9

Methylierung 106, 107, 109, 139, 141
Microbacterium spez. 37
Milchsäure 36ff.
Milchsäurebakterien s. u. Lactobacteriaceae
Mikroorganismen, Wachstum 43ff.
Molekulargewicht 19, 39, 57, 71, 82, 89
—, Bestimmungen 88ff.
—, (Durchschnitts) 89, 99
—, (Gewichtsmittel) 89, 93ff., 99
—, (Potenzmittel) 89, 96ff.
—, Veränderungen 64ff.
—, (Z-Mittel) 89, 95ff.
—, (Zahlenmittel) 89ff.
Molekularsieb 142

N-Acetylglucosamin 7, 27
Nigerose 111

Oxystärke 144

Pektinate 6, 8, 26, 28
Penicillium spez. 33, 75
Perjodatoxydation 107ff., 143
Phosphomannan 13, 34, 35, 81, 130, 134
Phosphorylierung 41
Plasmaexpander 32, 33, 58, 66, 131, 132
Polyelektrolyte 81
Polymere 5, 14, 76
Polymere, lineare 96, 99
Polymerisation, enzymatische 10, 42, 52ff.
Polymerisation, gelenkte 11, 58, 64, 65ff., 80
—, Mechanismus 61ff.
Polymerisationsgrad 19, 25, 28, 75ff., 90, 93
Polymolekularität 24, 90, 93, 94
Polysaccharide 5, 10, 14, 19, 26, 77, 81, 102, 104
—, Analytik 84ff.
—, basische 27ff.
—, Eigenschaften 19ff.
—, extrazelluläre 10, 11, 12, 28, 34, 112
—, Hydratation 21
—, Löslichkeit 20ff.
—, mikrobielle 9, 26, 29, 35, 40ff., 64, 85, 106, 112ff., 135
—, neutrale 24ff.
—, pflanzliche 6, 11
—, Reaktionen s. u. Dextran
—, saure 25ff.
Präzipitinreaktion 86
Pseudomonas spez. 12, 33
Pullulan 13
Pyrogene 119ff.

Raffinose 12, 55, 60
Rhamnose 7

Saccharose 12, 31, 32, 36ff., 46, 49ff., 54ff., 67, 115, 122
Schardinger Dextrin 69
Sedimentation 93, 94, 100
Sephadex 142
Sequenz 14
Serratia spez. 33
Solphase 77
Spaltungsgrad 71, 72
Stärke 5, 6, 8, 28, 40, 41, 42, 84
Starter s. u. „Akzeptormolekül“
Sterilisation 114, 124
Streptobacterium dextranicum 12

Streptococcus spez. 12, 68
Struktur, 5, 11, 12, 14, 17, 20, 82, 83
—, Bestimmung 106ff.
—, Veränderung 82
Strukturelement 16, 17
Substitutionsgrad 25, 27, 107, 135
Substrathemmung 52

Temperatur, kritische 76ff., 81
Tosyldextran 139
Transglucosylierung s. u. Transglykosylierung
Transglykosylierung 43, 64, 65
Trehalose 45
Trübungstitration 104

Verteilung 24, 62, 65, 72, 75ff., 95, 100ff.
—, bimodale 59, 65, 67, 76
Verzweigungen 17ff., 39, 61, 69, 84, 99, 106ff.
Verzweigungsenzym 82
Verzweigungsgrad 19, 39, 83
Viskosität 5, 19, 20, 21, 27, 82
—, reduzierte 92
—, relative 96
—, spezifische 97
Viskositätszahl 97ff.

Wachstumskurve 44
Wasserstoffbrücke 20, 135

Xanthomonas spez. 13, 32, 34, 35
Xanthomonaspolysaccharide 13, 84, 131, 134

Zerfallskonstante, enzymatische 47

Übersetzung von Fachtermini in die englische und russische Sprache

Abbaugrad	degradation grade	степень расщепления
Akzeptormolekül	acceptor molecule	молекула акцептора
Ausfällung	precipitation	осаждение
Baustein	unit	структурное звено
Bindung, energiereiche	energy-rich bond	связь, большой энергии
Bindung, glucosidische	glucosidic linkage	
Bindung, glykosidische	glycosidic linkage	связь, глюкозидная
Blutplasma-Expander	blood plasma expander	кровозаменитель
Dextran, Additionsreaktionen mit	dextran, addition reactions with	декстран, реакции присоединения с
Dextran, Antigen-Antikörper-Reaktion	dextran, antigene-antibody-reaction	декстран, антиген-антителореакция
Dextran, hochmolekulares	high molecular-weight dextran	декстран, высокомолекулярный
Dextran, klinisches	clinical dextran	декстран, клинический

Dextran, natives	native dextran	декстран, нативный
Dextran, niedermolekulares	low molecular-weight dextran	декстран, низкомолекулярный
Dextran, Substitutionsreaktionen mit	dextran, substitution reactions with	декстран, реакции замещения с
Dextran, Verätherung	dextran, etherification	декстран, этерификация (образование простого эфира)
Dextran, Veresterung	dextran, esterification	декстран, этерификация (образование сложного эфира)
Dextransynthese, enzymatische	enzymic dextran synthesis	синтез декстрана, энзиматический
Dextransynthese, gelenkte	controlled dextran synthesis	синтез декстрана, управленный
Donatormolekül	donor molecule	молекула донатора
Enzym, adaptatives	adaptive enzyme	энзим, адаптивный
Fermentation, schleimige	slimy fermentation	ферментация, слизистая
Fraktionierung	fractionation	фракционирование
Gelphase	gel phase	фаза геля
Hydrolyse, enzymatische	enzymic hydrolysis	гидролиз, энзиматический
Hydrolyse, partielle	partial hydrolysis	гидролиз, частичный
Impfkultur	seed culture	культура посева
Kapselpolysaccharide	capsule polysaccharides	капсульные полпсахариды
Kettenlänge	chain length	длина цепи
Kettenpolymerisation	chain polymerization	цепная полимеризация
Kondensationspolymerisation	condensation polymerization	конденсационная полимеризация
Lösung, polydisperse	polydisperse solution	раствор, полидисперсный
Massenverteilung	mass distribution	распределение масс
Molekulargewicht	molecular weight	молекулярный вес
—, (Durchschnitts-)	average molecular weight	—, (средний)
—, (Gewichtsmittel)	weight-average molecular weight	—, (средний вес)
—, (Potenzmittel)	viscosity-average molecular weight	—, (средняя степень)
—, (Z-Mittel)	z-average molecular weight	—, (Z-среднее)
—, (Zahlenmittel)	number-average molecular weight	—, (среднее число)
Phosphorylierung	phosphorylation	фосфорилирование
Polyelektrolyte	polyelectrolytes	полиэлектролиты

Polymere	polymers	полимеры
Polymere, lineare	linear polymers	полимеры, линейные
Polymerisation, enzymatische	enzymic polymerization	полимеризация, энзиматическая
Polymerisation, gelenkte	controlled polymerization	полимеризация, управленная
Polymerisation, Mechanismus	polymerization mechanism	полимеризация, механизм
Polymerisationsgrad	polymerization grade	степень полимеризации
Polymolekularität	polymolecularity	полимолекулярность
Polysaccharide, extrazelluläre	extracellular polysaccharides	полисахариды, внеклеточные
Polysaccharide, mikrobielle	microbial polysaccharides	полисахариды, микробиологические
Pyrogene	pyrogens	пирогенные вещества
Sedimentation	sedimentation	седиментация
Sequenz	sequence	секвенция
Solphase	sol phase	фаза золя
Sterilisation	sterilization	стерилизация
Struktur	structure	структура
Strukturelement	basic element	структурная единица
Substitutionsgrad	substitution grade	степень замещения
Substrathemmung	substrate inhibition	торможение субстратом
Transglucosylierung	transglucosylation	трансглюкозилирование
Verteilung	distribution	распределение
–, bimodale	bimodal distribution	распределение, бимодальное
Verzweigungen	branches	разветвления
Verzweigungsenzym	branching enzyme	энзим разветвления
Viskosität	viscosity	вязкость
–, reduzierte	reduced viscosity	вязкость, приведенная
–, relative	relative viscosity	вязкость, относительная
–, spezifische	specific viscosity	вязкость, удельная
Viskositätszahl	viscosity number (identisch mit intrinsic viscosity)	число вязкости
Wachstumskurve	growth curve	кривая роста
Wasserstoffbrücke	hydrogen bridge	водородный мостик
Zerfallskonstante	decay constant	константа распада

Die Autoren

- behandeln die Theorie, Chemie, Herstellung und Verwendung der Dextrane

- geben in Anbetracht der umfassenden Anwendung von Dextranen in der Pharmazie, Medizin, Nahrungs- und Textilindustrie eine sehr gute Einführung, wobei sie besonderen Wert auf die chemische Technologie der Dextrane legen

- wenden sich mit diesem Buch an Chemiker, Biochemiker, Ingenieure und Studenten

WISSENSCHAFTLICHE TASCHENBÜCHER

FSC
www.fsc.org
MIX
Papier | Fördert
gute Waldnutzung
FSC® C083411

Kolibri 360 GmbH
Ferdinand-Jühlke-Straße 7
99095 Erfurt, Deutschland
produktsicherheit@kolibri360.de